风格法则:
写给职场男士的终极着装指南

The Laws of Style:
Sartorial Excellence for the Professional Gentleman

[美] 道格拉斯·汉德 (Douglas Hand) ——— 著

[美] 罗德里格·索尔德雅纳 (Rodrigo Saldaña) ——— 绘

滕继萌　杨　锐 ——— 译

重庆大学出版社

推荐序

    法国艺术家让·考可特（Jean Cocteau）说过："风格就是以简单的方法表达复杂的意思。"当我第一次见到道格拉斯·汉德时，我知道他是个重要人物，是个人情练达的人物，是个有品位和内在涵养的君子。他的精气神儿在那儿，一看便知。

    当时，我俩都准备从林肯中心的一场男士服装展览离开。一位穿着时尚的朋友把我引荐给他。握手的瞬间，道格拉斯的笑容严肃而有温度。我注意到他的袖扣离法兰绒西服袖口半寸，领结扎得不规范但有个性，吸引眼球，这也许是一种讲究。他古铜色的手有些神秘，或者说奇怪，在裤兜里半遮半掩（后来我听说他手里握着钥匙）。看完展览后，他要赶回办公室。后来听圈里人说，他是大名鼎鼎的时尚律师，并且为许多进入美国主流的男士服装品牌代言。这些正对我的胃口。他的出现本身就很有磁场，自不待言。

    道格拉斯是完美的职场专业人士，是一位名副其实的绅士。他的每一个细节都很到位，其形象不言自明。人显得很干净，精致但不做作。这位大律师表里如一，不纨绔。他是英国摄政时代的文化偶像博·布鲁梅尔（Beau Brummell）的忠实追随者。他能力非凡，从不以衣品哗众取宠，却以其聪明才智和行动能力脱颖而出。本书作者的魅力来自其从里到外的智慧和其丰富的职场实践。道格拉斯的着装无懈可击，品位独到。不过，服饰毕竟只是服务于一个人的内在涵养。他的着装如同静水深流。

    作为一位时尚界的消费者、作家、律师和教授，道格拉斯懂服装。他是真懂：他了解服装设计、成衣制作过程、面料、品牌背后的故事以及追逐者。他能领

风格法则：写给职场男士的终极着装指南

1

略服装传递的力量，反之亦然。风尚在于内涵。

　　当然，连道格拉斯自己看了这一段都会羞涩，他天生一副古典身材，与衣着浑然天成。不过本书，作者将摒弃所有的傲慢或沾沾自喜并告诉各位读者，只要得体，服装会令身材不一的各位都获得启蒙，各美其美。在本书的字里行间，作者将告诉读者，休闲也时尚，但是放纵休闲则是休闲服装的敌人。作者也会在接下来的章节里与你分享某些定律（正如任何律师都不会忽视的某些法则），鼓励你超越自己习以为常和约定俗成的习惯（当然，词近旨远），帮助你找到适合自己的风格。

　　道格拉斯不仅是一位衣着讲究的律师和作品引人入胜的作家，他也是我的朋友。他还是能够把法律和金融服务有机结合在一起的为数不多的奇才。他笑傲江湖，但并非特立独行。他是出没于北美极地的一头狼，身为律师的他孤冷但不矫揉造作，因为他有标准的律师人格，说到这我也许有点词不达意，但是这就是每当我见到他时的真实感受。道格拉斯喜欢法律和学术讨论，喜欢苏格兰佳酿威士忌，喜欢旧款萨博（Saab）汽车，爱孩子，爱遛狗，在落日余晖中的海边欣赏潮涨潮落的涛声依旧，与艺术家们过从甚密，陶醉于艺术，热爱园艺，享受春华秋实，爱好广泛，但这些都回归到他是一个真实的自我。正如惠特妮·休斯顿（Whitney Houston）说的，这正是作者与众不同的天分。

　　本书是一部里程碑式的作品。相信我，它独一无二。读者们一定会喜欢书中的趣闻轶事和作者的风趣幽默，不过掩卷思考，你会受益无穷。开卷有益，满载而归。服装设计师马克·雅可布（Marc Jacobs）说："对于我，服装是一种自我表达，它的细节会暗示我是什么样的人。"我对此深信不疑。道格拉斯也是知音。我相信，读完这本有洞见和引人入胜的书，我们会有高度共识。开始吧！

—— 尼克·伍斯特（Nick Wooster）

序

　　本书读者群是我统称的职场人士，包括银行家、律师、咨询师、会计、受过良好教育的服务业的从业者、我的白领哥儿们，在这里，我希望你们所收获的不仅仅是如何把服装穿出味道来的指南，[1] 我试图根据诸位职场人士每日的工作环境来一起探讨每一位个体形象的自我表达和诉求，鼓励诸位在职场上和生活中活得更加精彩，这不仅是钱的问题。

　　这么说吧，如果你是一位刚刚从研究生院毕业的"白富美"或者"小鲜肉"，本书旨在把你从华而不实的冲动打扮调整到低调、考究且很职业的装束。[2] 在符合你有限的预算的前提下，让你对时装与穿着的好奇得到矫正。与此同时，如果你是大公司里备受煎熬的小职员，并不希望因此而降低自己的品位，本书将帮助你不卑不亢地提高自己的品位、档次，获得对时装的审美能力，成为一位善于选择、能够恰当地自我表述，并且乐在其中的职场人士。没错，你将面貌一新。

　　作为职场人士，我们时常处于明确的变化中——文化变迁。越来越多的男人衡量成功的指数不再是财富，而是在生活的其他领域有创意地证明自己。我希望你成为其中一员。这个时代，大众审视我们的眼光有些冷漠。坊间流行一种观点，投行的金融家们忽悠了投资商，会计师们为大公司的合理避税充当狗头军师，律师们对簿公堂只是为逗闷子或者为那皆大欢喜的薪资。我们律师也

1　请听我慢慢道来，也许你甚至会欣赏某些文本的法律协议格式。20 年来，我一直以这样的方式起草协议，所以我现在很乐意用这种方式写一本书。我想你们都了解如何使用严格定义的术语写作的妙处。
2　有了这么多的选择，往往我们选择不穿的款式和我们最终穿的一样多。

许被视作这当中那百分之一的人渣，这种集体认知或许让我和同行们不愿意成为职场人士。我也不愿意你与这样的职场人士为伍。

我确实认为品位与风格代表自尊。尊重自己，尊重自己的职业，那就要尊重自己的仪表。由此及彼，请尊重你的穿衣戴帽。你穿什么和怎么穿，用著名时装设计师罗伯特·塔格利亚皮埃查（Robert Tagliapietra）的话说，"这关乎你与他人见面时首尾相顾、表里如一的名片"[3]。不要低估了你给人的第一印象。不用说话，你的仪表就是一种代言。

没有什么书籍教授职场人士如何打扮。况且，我们所处的时代从审美意义上说，生意场上关于着装的标准也在与时俱进。在各行各业里，休闲礼拜五（又叫星期五便装）正被全日制休闲装所取代。这样的新潮让许多男人无所适从，许多男士服装品牌也面临被重新定义的尴尬。很可悲，对许多人来说，乏善可陈的应对很是令人同情。

很多效法英国绅士的书（市面上这样的书汗牛充栋）对今天职场人士的具体需求已经大大落伍。然而，市场对男士服装的需求却是从未有过的高涨。[4]对于一些经济学家来说，如今的男人成了"新女性"。我们需要抉择，成何体统！选择成为抉择，而抉择需要建议。本书于是应运而生，为你量身定做。

我当然希望本书可以成为你茶余饭后的佐餐，它是关于如何体面穿着打扮的百科全书，包括服饰细节和品牌的咨询，希望能博你莞尔一笑。但我更坚信本书可以提供非常实际的咨询。在最基本的层面上，本书会为你与客户和职场人士的互动，尤其是为你的职业发展提供有效的路线图。是的，服装与配饰在

----

3 美国时装设计师理事会，《追求风格：来自美国顶级时装设计师的建议和思考》（*The Pursuit of Style: Advice and Musings from America's Top Fashion Designers*）（纽约：Harry N.Abrams，2014）。
4 巴克莱银行 2016 年 1 月的一份报告显示，2015 年全球男装市场增长 24%，到 2019 年将达到 400 亿美元。

你身上的有效组合将成为你职业的工具。我们在书中的忠告绝非浮夸的调情，而是形而上的乐趣和具体的实践指南。

本书将以职场人士应有的庄重对待以上话题，而非出自一位枯燥无聊的势利小人或时装大咖的自作多情，也就是说，我将竭尽所能，非常严肃地讨论男士着装，不会附庸风雅或猥琐卑微。如果你的皮鞋并不是与你的家族有几代人深厚缘分的工匠手工制作的，我是无所谓的。由于本人的背景，我有能力体恤并接受你的职业现实带来的着装和配饰的选择，绝不会在时尚的象牙塔里居高临下和耳提面命。

作为公司的法律顾问，我已经在时装界代理客户利益近二十年之久。我曾经供职于一些大的律所〔纽约的谢尔曼与斯德绫（Shearman & Sterling）律所和它在巴黎的办事处〕以及精品店（比如 HBA，著名的时尚公司法律事务）。我曾经是他们的朋友，与他们在亚洲、欧洲和中东的大公司的客户打交道，也来往于南美诸国；在金融印刷厂与律师、银行家和信息分析员点灯熬油地一同起草文件，与很多客户出席庭审；与律师和会计师们参加路演。除了在 HBA 的稳定工作外，我是美国品牌 Rag & Bone 以及美国时装设计师协会的总法律顾问。

我还是法学兼职副教授，在母校纽约大学（NYU）法学院教授时尚法律课程，在本杰明·卡多佐法学院（Benjamin N. Cardozo School of Law）的实习课上听课的是法学院和理工大学时装学院的学生。我也一直是该院服装设计学会的成员，还是 FIT 基金会的董事会成员。[5] 可供参考的还有，我是常设伦敦的奢侈品法律联盟的成员，经常就时尚产业面临的跨文化问题发表演讲。我获得纽约大学斯特恩（Stern）商学院的 MBA，主修金融。我曾于 20 世纪 90 年代与一帮

----

5 不，这本书不是这两门课的教材。这两门课程都涉及在时装业界有经营活动的实体公司所面临的实际法律制度。

精明过人的投行求职者一起参加面试，一度希望就职于金融界，但最终认为自己的秉性和能力更适合做律师。

最早主营时尚的新媒体公司有我太太创办的"每日糖果"（Daily Candy）。她在自己业内享有很高声誉，对自己的妆容自成一派，但是我从来不需要她指点，我的着装我做主，自得其乐。[6] 我俩还争抢有限的衣柜（只是弱弱地询问她的意见）。我感觉怎么舒服和自信就怎么穿着。我看上去还行，可以让自己大放异彩。

我看到过一些职场人士的着装，非常得体。在这个群体里，他们无一例外地很有建树，十分自信。但是这个范畴里，有些很光鲜，有的忒勉强。最后，我也看到相当多的男士误入歧途，不仅自己很无趣，也使我们的职业黯然失色。

先生们，既然大家都是遵循规则的一群人，为了我们的信誉，我们花了那么多的时间来学习领会和实践，我不揣冒昧地提出一些关于时尚的规则，希望能有帮助。对，规则！希望大家据此玩转个人风格。

The Laws of Style: Sartorial Excellence for the Professional Gentleman

---

6 我既是一个讲究时尚风格的人，也是所有男性的同道。我一点也不觉得这是自相矛盾的说法。事实上，它们是相互补充的。

致 谢

感谢姬娜·古乍德（Gina Guzzardo）、尼克·伍斯特、贾斯汀·佩雷斯（Justin Perez）、丹尼·列维（Dany Levy）、马克·雷纳（Marc Reiner）、约翰·玛莱西亚克（Jon Malysiak）、约翰·帕尔默（John Palmer）、艾斯理·瓦尔滋（Ashley Valdes）、拉腊·科恩（Lara Cohen）、查纳·本·查刹利亚（Chana Ben-Zacharia）、汤姆·张（Tom Chung），还感谢罗德里格·索尔德雅纳非常含蓄的美术功力。

导　言

　　到目前为止，银行家、律师、商业顾问和会计师（以上每个人都是"职场人士"），在如何着装、如何展现自己、如何处理款式风格的问题上，都没有任何适合其专业状况的指南。

　　然而，虽说从事各行各业的职场人士中包含男性和女性，但作为一名男性，作者最有能力，而且个人也倾向于选择只评论男性服装。

　　职场人士的个人陈述必须从以下非常实际的角度加以考虑：①职场人士对客户的期待；②职场人士公司文化中存在的等级现实；③与职场人士互动的公司以外的其他职业人员的世界观和期待。

　　这些观点与视角导致了某些可借鉴的风格规则（"法则"）的产生，这些规则可以通过熟练的文字表达加以阐明和遵守，为职场人士的个人展示、着装以及配饰的选择提供最佳方案。

　　法则不是一成不变的，因为它考虑到了职业的现实和实际的具体情况，从而导致不同的职场人士拥有不同的任务和不同的着装选择，所有这些都是正确的。

　　只有遵守法则，职场人士才有可能总是"看上去还行"，砥砺前行，甚至在其职业生涯中飞黄腾达。

　　这世上没有应对所有场合的"专业制服"或唯一理想的衣柜，职场人士只能在他努力奋斗于职场的过程中，不断增加自己衣柜中的服装系列。

　　时尚是转瞬即逝的，潮流代表着穿着者的另一方选择，这与风格不同，因为风格代表了个人的选择。

尽管有法则规定，但是职场人士还是应该被认为是人类的一分子，如此才公正、公平。因此，应当在适当范围内允许其凸显个性和自我表达。

现在经过慎重考量，美国律师协会（American Bar Association）[1] 在此确认以下各章节，并将以此"法则"作为指导，指导职场人士在服装和配饰方面的风格选择，特别是指导那些重视提高自己与客户、同事等有效互动能力的职场人士，从而积极有效地推进其事业的发展。

1　我的个人出版商。

目录

1

职场着装的重要性

"首先了解你自己是谁，然后包装好自己。"
——希腊哲学家艾皮泰图斯 (Epictetus)[1]

有一句古谚语：谁是自己的律师，那他一定会忽悠客户。[2] 由此及彼，职场人士的时尚感概莫能外。为了对这一不幸事实有个真实的理解，你需要花一个下午的时间作为陪审团成员，在纽约最高法院忠实地履行公民的职责，听那些拘谨呆板、衣着糟糕的律师们轮番上场，喋喋不休，唯一能让你坚持下来的恐怕是偶尔眼前一亮的暗红色 Berluti 皮鞋，或者一款很任性的西式领带。[3]

其他那些职场人士也不例外。我见到过地位很低但自命不凡的投行职员穿

1　公元 5 世纪出身奴隶的艾皮泰图斯在教学中提出，哲学是一种生活方式，而不是理论。他是个禁欲主义者，生活简朴，但肯定很理解着装的最基本的概念和规则。
2　这个谚语的大致观点是法庭上的自我代言一般结局很惨。跟其他谚语一样，我们很难追本溯源找到它典出何处，不过这个说法正式出现在 19 世纪早期。
3　法律规定，陪审团的义务必须在纽约州完成，职场人士有权开小差去参加陪审团，参看《纽约司法法》。不过我相信你已经知道这些皮毛尝试了。

着花色吊带裤，搭配俗不可耐的亮色领带以及口袋巾；我见到过装腔作势的蠢笨会计师穿着肥胖宽大的西服，搭配油腻的耐克鞋；我与穿着破洞牛仔裤和人字拖的咨询师共事过。天哪，我遭受的视觉污染多么恐怖。

个性当然是一个美好的概念，也是一个特别有面子的词语，但是不要潇洒到践踏了尊严、谦恭，让自己丢了饭碗。除了能保住自己的职业，穿着体面还可以帮助自己的事业进步。有学术成就，并且着装考究的赫伯特·哈罗德·弗里兰（Herbert Harold Vreeland）先生说过一句金句：衣服（着装）不能成就一个男人，但的确帮助很多人找到了一份好工作。[4]

什么是职场人士，
他们该如何把衣服穿好？

对服务业职场人士的定义通常是指有资质并在金融会计和咨询公司里被录用（每一位都是职场人士）。[5]这些职位需要高级学历 [比如 JD（Juris Doctor, 法

4　弗里兰并非一位时装酷男，他的衣品含蓄，而且属于放荡不羁的那种。他曾经为美国冒险服务组织的军事情报局效力，第一次世界大战后一度被提拔为预备役的准将。他曾经还在耶鲁大学担任过招生办助理主任，在马萨诸塞州的菲律普斯安多佛中学和史密斯学院任过教。

5　我知道自己已经对职场人士三次作出了定义，这是因为我把序、导言以及书本身当作三个不同的写作单元。有点像 SEC 计划，装模作样的声明的包装纸，内有一些附件，是自成一体的文件，以此类推产生各种定义条款。年轻的同事可能会很抓狂，认为三个定义其实是一码事，因为如果定义不一样，法律含义也就不同。我没有这样的压力，你不必因为定义有差异就耿耿于怀。如果你只是在工作之余把本书当作消遣，对于本书作者而言你就是职场人士了。

The Laws of Style: Sartorial Excellence for the Professional Gentleman

律职业类文凭证书）、MBA（工商管理硕士）]、经营执照或资格认证 [比如 CPA（注册会计师）、金融牌照 Series 7 和律师执照]。

专业的服务业组织一般是指"公司"。这些公司有着很典型的等级特征，通常比较传统和保守。公司在第三产业里安身立命。服务业里的职场人士一般在办公室里工作，或根据自己公司的业务性质在一个特定的职业环境里供职。

对职场人士的一个轻松和恰当的定义是白领。[6] 我们在这里不妨先暂停一下，厘清一下白领的着装形象与定位，至少能让我们将其与其他行业人士相区别（比如蓝领、绿领和粉领等）。[7] 白衬衣和白领子传统上意味着高水平的财富。直到 19 世纪晚期，白衬衣的清洗都是一件令人头疼的事情，除非花大价钱。从事体力活的肯定容易脏了白领子，所以，只有绅士才穿得起白衬衣。[8] 此外，传统的正装，包括很正式的燕尾服配白领结或晨服都要求穿白领衬衣。那么，很自然，公众期待典型的白领职场人士相较其他职业要穿着更正式。

职场人士工作周在公司标配是这样的：身着干净利落的西服，系着领带，穿着与西服搭配的鞋子，身边摆放着各种办公用具，比如办工文具、计算器、智能手机、公文包和肩背款皮书包等。由于每周五大家已经心猿意马，开始期待周末，所以这样的装束实际上只适用于每周的前四天。但是职场人士经常周末加班，所以他们就有了第二套行头，即商务休闲装，不打领带，或者干脆不穿西服上衣。总之，他们依然看上去非常得体，或者特别时髦。[9] 每个轻松的周

6 这个词是 20 世纪 30 年代由美国作家厄普顿·辛克莱尔（Upton Sinclair）创造的，他用该词指代那些从事文秘、行政和管理职能相关工作的人。然而，这个术语的内涵在美国不断演变并变得愈加高深。在此，这个术语的意思越来越接近我所描述的职场人士的这一类人。

7 蓝领是指从事体力劳动的人，绿领是指从事环保工作的人，粉领专指从事服务业的人，比如护士和从事教育的女性。参见莱卡·苯卡基斯（Réka Benczes）《英语创意复合名词——隐喻和转喻的语义学含义》（阿姆斯特丹：约翰·本杰明，2006），144-146。

8 尽管擅自做主把绅士的名分强加给各位，我不打算强词夺理，力透纸背地再去挖掘 18 和 19 世纪绅士的定义了（但其他大部头的书会不时引用这个词来定义男性时装，而且不厌其烦且充满敬意）。我最喜欢的定义来自爱丽丝·熙克丽尼（Alice Cicolini）的《新英国花花公子》（纽约：Assouline，2005），她对绅士的定义是"智慧的贵族"。而新式的对绅士质素的定义是成功以及成功赋予他的力量，另外就是谨慎含蓄的言谈举止。

9 当然，这只适用于"在办公室"的环境；职场人士当然是远程办公，而且经常是"非商务"时间在家工作。在这种工作方式中，他通常可以自由着装。他的家就是他的城堡，大门后面发生的事情是只能由他享受的"合家欢"。

五，职场人士们虽然穿得很商务休闲，但如果需要见客户还是要穿上西服。这些潜规则不仅适用于我的 HBA 律所，同样也适用于普华永道、摩根大通银行和 LLP 公司。

接下来，整本书里我都要围绕正式的西装革履和非正式的商务休闲装讨论职场人士的衣品，我希望他们在各种场合都会被其同行或者圈外人一眼识别出来。也许人们会争论职场人士的具体行业，不过这些君子们各具风格特色又职业化的言谈举止，可以不用什么职业装或者刻意的雕琢就会让人们轻松识别出来他们所从事的行业，就如飞行员身上穿着的有军人痕迹的服装和医生、护士的白色套装。职场人士传递出来的气质应该是儒雅和精干，一旦将儒雅和精干合二为一，他将势不可挡。职场人士着装风格的首要法则也是最广义的法则如下：

法则 1

职场人士穿衣服的样子必须要儒雅，带得起节奏。

"儒雅不是卓尔不群，而是被人铭记。"

——*乔治·阿玛尼（Giorgio Armani）*[10]

———

"带得起节奏"并非专指为了达到某一具体目的而具有的能力和资质，

而是执行力所需要的效率，或者无比的自信。"

——*Rag & Bone 马库斯·温赖特（Marcus Wainwright）*

---

10 另一个我最喜欢的定义："优雅的定义是一种能力，混合各种微妙的手势，穿衣戴帽不显山不露水，并对面料、纹理和剪裁表示应有的敬意。"作者盖伊·特雷拜（Guy Trebay），《回归优雅》，《纽约时报》，2016 年 1 月 21 日。

职场人士的类型五花八门，我们的服务收费也分门别类，但极少有人认为我们的服务收费是狮子大开口。作为职场人士，我们知道，我们的收费不仅基于我们的服务，而且基于多年的高学历教育和实践经验的积累。[11] 因此，我们要不断地提醒我们的客户，与之打交道的是职场人士。我们需要力透纸背地说清楚。对于我们的客户来说，让他们意识到自己与之交往的是职场人士的最简易办法就是我们自己随时随地看上去就是职场人士。[12]

Res Ipsa Loquitur（法学拉丁语，意思是"不言自明"），休闲短裤与注意义务

然而，平日里大家的工作着装，某些职场人士大大咧咧，没有把自己的工作服装和客户放在心上。我先把职场人士中的律师们带回到第一次的民事侵权案。Res Ipsa Loquitur 表明责任心和玩忽职守可以从事故的性质来推断。[13] 我们首先分析一下穿裤子这回事儿。

在我职业生涯的早期，我曾经在巴黎郊外为 M&A 做海外并购调查。我们代表收购方面对的目标客户是一家法国公司。我方领队是一位非常敬业的中层合伙人，我们姑且称他为塔克（Tucker）。[14] 你们现在知道了，即便在灯光之都做尽职调查也是一个令人难熬的过程。即使你脱掉西服上衣，领带也被解开垂挂在脖子上，但穿着西裤，大腿上放着发热的便携式电脑，连续数日总结梳理法律文件，披露财务数据，依旧会让你觉得十分难受。

11　诚然，这些费率通常也反映了我们公司的管理费的分配。虽说没有什么经济效益，但是苏富比职场人士在布达佩斯或特古西加尔巴等地都拥有富丽堂皇的办公室；或者在香港、纽约和伦敦等租金较高的地区也设有办事处，他们的薪酬可能比一家专注于在高租金地区以外地区办公的职场人士更高。

12　见约翰·奥特维德（John Ortued），《通过风格的栅栏：Skadden Arps 为你刷新那个稳重的诉讼律师的形象》，《纽约时报》，2015 年 12 月 4 日。

13　虽然现代提法因管辖权不同而不同，但普通法最初规定，事故必须符合以下条件：①通常不会在没有某人疏忽的情况下发生事故；②在这种情况下，事故可能不是在某人疏忽的情况下发生的；③它是由被告完全控制的工具造成的；④它不是原告以任何方式造成的（即没有共同过失）。根据证据，原告只需确定过失的其余两个要素，即原告遭受损害，事故是其合法原因。

14　改名是为了保护无辜的人。任何与生者或死者名字相似之处，纯属巧合。

大学期间，我曾在弗吉尼亚大学高尔夫球队 [15] 打比赛和参加白领新兵训练营的多次拉练，塔克很骄傲地调侃我们的宽松长裤是"勤劳裤装"。这些裤子在今天被人们视作潮流的休闲美学服饰。在恶劣天气打高尔夫球，身穿带有弹性腰带的透气雨裤，各种色调的卡其色，或藏青色或黑色，由早期的快干面料制成。这种风格的裤子配上得体的衬衣、领带和运动休闲的夹克会显得舒服恰当，尤其是配夹克会很拉风。在杜勒斯技术走廊和在门罗公园高压的工作环境下，为起草文件的一个个不眠之夜，或在纽约办公室的打印机旁，塔克都穿着这样的"勤劳裤装"。他很真实地，或者甚至有点暧昧地说，他随机应变地演绎了特定情形下的内外双修（既舒适又得体）。"很难看出这其实就是高尔夫球裤"，塔克聪明地做到了。

走近我们客户的首席法务官，他的形象庄重自持，着装一丝不苟，银灰色胡须修剪整齐，私人定制的 Cifonelli 西服，夺目的 Hermès 领带，Breitling 牌腕表含蓄地从精致的衬衣袖口探出些许半寸。他听取大家的临时汇报时，瞥了一眼他的首席律师的装扮。他故意把"不"的发音拖长，虽说语气温柔但是语调沉重，那个元音字母 O 的发音被无限拖长，直至缓慢地弱化到一种可怕的耳语。这位可怜的资深律师明显变得很慌张，甚至慌不择路地问了几个衣着得体，但资历尚浅的年轻律师几个无关痛痒的问题，然后便莫名其妙地走出了办公室，一边走一边自言自语：这不可能吧？ [16] 总之，塔克是舒服了，但是他无意中选择的那条裤子却让他前功尽弃了，尽管他的才智卓越，也完全适应自己的工作。

品牌须知

Cifonelli：一家成立于 1880 年的意大利私人定制服装公司，1926 年起，这个品牌在巴黎崭露头角。它的盛誉来自 Cifonelli 家族的剪裁，结合了英国人

15　弗吉尼亚大学高尔夫球队在 1990 年排名第 15 位，其中提姆·邓拉维（Tim Dunlavey，和塔克一起打过球）排在第 15 位。骑士队，加油！

16　此处原文为法语：C'est pas possible.C'est pas vrai 。

的精致和意大利人的舒适。特别是西服的肩头，不管手臂和身体如何摆幅，它依然优雅如故，这样的品牌设计很快风靡世界。尽管 Cifonelli 的大名成了如雷贯耳的私人定制的奢侈品同义词，但 2014 年，该品牌推出了一个完整的成衣系列，这个系列依旧坚持了 Cifonelli 的合身原则。

Hermès：Hermès 品牌作为皮革马具的作坊诞生于 1837 年，现在它已经是全世界最有名的品牌之一了。这些年，Hermès 设计生产的男士风格的主流产品涵盖了从无处不在的印花领带、时髦的公文包到 H 字皮带套件。定制服务是 Hermès 男装战略的关键。在维隆尼克·尼宪楠 (Véronique Nichanian) 的设计指导下，Hermès 男装系列低调奢华的细节挑战了传统男士服装各种常规。Hermès 男士领结的销量超过了女士丝巾，造就了该公司账面上 10% 的收入。Hermès 还推出了各式成衣、领带、口袋巾、围脖和皮具。Hermès 男装系列可满足所有男人对现代奢侈品的需求。

Breitling：Breitling 是一家专门生产特种腕表的瑞士公司，创建于 1884 年。它引领了世界精准计时仪的发展。Breitling 拥有 11 个腕表系列，提供坚实、可靠、精准的机械表等计时仪。作为民航的长期合作伙伴，Breitling 的核心竞争力聚焦于飞行仪表上以高质量、精密的设计，应对经久耐用和各种极端条件的使用需求。

职场人士在新泽西的一家库房作调查，从下午 2 点做到下午 3 点，他的收费与其在联邦最高法院的出庭收费是一样的。[17] 他的客户有足够理由期待这位职场人士在这两种情形下都身着适合季节的正装西服裤。你对此义不容辞。在工作环境里，穿运动裤、高尔夫球装、短裤，都是违背你的职业形象的。本书将

----

17 真有这样的律师委员会，同时被委托了两个如此不同的案子。

风格法则：写给职场男士的终极着装指南 —————— 1 职场着装的重要性

7

在以下的章节里逐一论证为什么。

漂亮的着装等同于精明的行为吗？
被掩饰的认知

如果从我的职业生涯里截取的一段趣闻轶事无法说服你，正如你所接受的教育和表现出来的理性与实际，你需要更加客观的数据。这很公平。我们来看看关于这一主题的科学研究吧。

一群哥伦比亚大学和加州州立大学北岭分校（Northridge）聪明的心理学博士生们（也许他们的穿着也很入流）于 2015 年发表了一项科研成果，讨论了人们的着装如何影响日常的抽象思维和具象思维。[18] 没开玩笑，这就是他们做的事。结果发现，正式着装可以把我们从具体而细微的思考中解放出来，同时能够加强我们的抽象思维能力。

正如他们在论文里阐述的，抽象思维可以推动人们对长期目标的追求，具象思维可以帮助人们关注细节而非长远和大的目标。比如，当你将一张费用报销支票存入银行，一个具象思维可能是，"正把支票存入银行里"，而抽象思维则倾向于认为"我这样做可以强行帮助我存款，享受优厚的长期储蓄利息"。或者，

更加老道的盘算是，"公司应该给我一张公司的信用卡，这样一来我就不必自己先垫付费用了。难道他们不信任我吗？我是不是应该给猎头公司打个电话，考虑换一个工作？我的着装真的就那么恶俗吗？"具象思维者着眼于当下，局限于基本盘。抽象思维者视野广阔，他们更世故，更走心，也更聪明。

18　Michael L.Slepian，Simon N.Ferber，Joshua M.Gold，Abraham M.Rutchick，《论正装的认知后果》，《社会心理和人格科学》，第 6 卷，第 6 期，2015：661-668。

好吧，言归正传。美国东西海岸的科学家们研究证实，正式着装可以在一系列实验中推动抽象思维。实验要求学生选择不同的服装：一部分学生正式着装，穿西服打领带或者夹克外套配领带；而另一部分学生非正式着装，身着最休闲的服装来上课，试验者对这些学生在不同的服装下，完成一系列任务进行评级。无疑，这项试验对学生来说有点类似一种迷幻的探索，不过我可真不看好那些所谓正式服装是否讲究合身或者是手工定制的。对此，我完全没有信心。我更相信，他们所谓的正式服装是指那种保守的社团或传统餐馆发的夹克外套，因为那种鬼地方的管理者认为职场人士就应该身着合适的夹克外套。[19]

无论如何，结果很惊人。那些自我评价为衣着正式（比如穿西服的）在抽象思维上都获得了更高的得分，完胜了那些不拘形迹的同学。信心爆棚！衣着考究的研究人员立刻在心理学大会上丢掉麦克风，穿着 Alden 皮鞋走下讲台，那无所不在的实验室的白大褂下面则难掩合身的 Canali 牌西服，奢华呀，青山遮不住，红杏出墙来。

科研人员推断这是权利概念和着正装让人感觉更具权力所导致的结果，人品如衣品，穿啥就会有啥档次的思想与结果。这项试验表明，"衣着正式与你获得的高附加值成果密切相关"。换句话说，服装赋予人以力量。他们穿着讲究也会更加富有形而上的魅力。上帝呀，这些男孩儿们鹤立鸡群。想想都让人兴奋，如果这些"借来"的衣服能很合身的话，那效果会更加惊人。以此类推，如果你一开始就先声夺人，衣着出众，随时随地身穿 Huntsman 品牌定制服装，你将改变这个世界。

品牌须知

Alden: 1884 年问世。在工业化流水线生产出物美价廉的皮鞋的当下，新英

19　你会发现，我其实蛮认同他们那种情绪的。

风格法则：写给职场男士的终极着装指南 —— 1　职场着装的重要性

格兰的 Alden 鞋匠始终致力于为衣着考究的人打造高品质的皮鞋。作为新英格兰血统，Alden 牌鞋子在马萨诸塞州的 Middleborough 默默地深耕自己的产品，不甘寂寞，坚持了自己一贯的高品质、原汁原味的皮鞋和皮靴的风格，傲然于世。这个品牌不仅质量信得过，还致力于让所有消费者穿得舒服。

Canali: 成立于 1934 年，知名的意大利奢侈品时装品牌。Canali 推动了"意大利制造"的卓越声誉，创造了把品位、风格、文化和历史融为一体的大师级的耐穿与舒适兼具的产品。该品牌服装以专注于细节和衣料闻名于世。Canali 提供了一个名叫 Su Misura 的私人定制系列，将专家的专业化测量与品牌的大师级剪裁技术完美结合，为顾客打造专属于个人的时装。绝对是佳作。

Huntsman: 早在 1849 年，亨利·亨茨曼（Henry Huntsman）先生在多佛大街建立了自己的裁缝店，开启了私人定制服装业务。Huntsman 店地处伦敦著名的萨维尔高级定制一条街，它以自己恒久、卓越和富有创意的传承安身立命。1866 年，这家公司作为威尔士亲王的皮质马裤定制商，获得了它的第一个皇室认证，从此，它成为马术和乡村狩猎定制服装的不二首选。2016 年，这家公司为满足美国的市场需求在纽约开办了美国第一家店。我很喜欢 Huntsman 西服。

精彩继续。2014 年 12 月，一份实验心理学杂志的研究表明，一般来说，衣着随便会殃及谈判结果，注重仪表能提高成功率。[20]

在这份报告里，男性研究对象被分为几类：第一类，穿着休闲，大概是因为他们都是在校学生。第二类，穿着商务正式，西装革履。虽然可以肯定地说，他们的西服并不合身，但是已经大大提升了规范程度。第三类，可以穿运动衫，

20　心理信息数据库记录，2014APA。

灰色的、带帽子的洛奇式的卫衣。

接下来，这拨人参与了一场模拟的投行谈判，演绎了与对手敲定融资条款。这是戈登·盖科的行事风格，刚愎自用，杠杆效力，挥洒自我，西装革履。不奇怪，正式着装组比其他两组人得到的利润更丰厚。调研发现，那些衣冠不整的人睾丸素水平偏低。在我继续宣称某家西服生产商应该获得美国食品药品监督管理局（FDA）审批之前，我们来做一下分解吧。[21]

聪慧的博士生（哥伦比亚大学／加州州立大学北岭分校的研究成果）指出，人们的社会地位由每个具体的人的行为和显性特质勾勒。在两份分析中，社会阶层垄断的服装选择（这个表述我喜欢，我会尝试不断使用这个表述的）会在双向交流中表现出与自己身份相一致的行为。这听起来够学术范儿了。这意味着什么？

"哥们儿，这不是一个够不够的问题。这是零和游戏，有人赢，有人输。

钱自己不会丢失或再造，它只是由一种认知转化为另一种认知。"

——戈登·盖科 (Gordon Gekko)，《华尔街》(Wall Street)

————

"是的，我一直在徘徊徜徉，苦苦思索，我在开谁的玩笑？我甚至不跟

那哥们儿在一个（拳击）级别上。"

——洛奇·巴尔博亚（Rocky Balboa），《洛奇》(Rocky)

相比穿着卫衣看上去像"意大利的种马"，职场人士那样的正式着装更容易赢得谈判桌上的主动和利益，睾丸素水平也更高。上流社会的衣品在这类符号的观察者眼里会引起警惕。相对于对底层社会的符号，感知上流社会的符号会降低对社会权力的认知，并可以催化一种生理传染，激活观察者产生认同感的

21　FDA 执行《美国联邦食品、药品和化妆品法案》和其他条例，其中大部分适用于食物和医疗器械。

交感神经系统，使其追踪着上流社会目标。对，这就是穿衣服的哲学。总而言之，扮相好，活也漂亮，首推职场人士。

艺术的角度 —— 风格与审美

弗吉尼亚·伍尔芙（Virginia Woolf），她肯定不是科学家，但却是非常聪明和富有创造力的天才。她说过："尽管这样说会显得有点虚荣，服装不仅仅是为了保暖御寒，服装既可以改变我们对世界的认识，也会改变世界对我们的认识。"

艺术家们总能理解某种深刻的、原始的美学对人类感官的客观吸引力，比如海平面的落日余晖，钢琴键盘上小调和声的旋律美，松香的清冽，以及动物一样蚕食鲸吞的那第一口。这类情感体验自然让各行各业的艺术家们通过对服装的选择来表达自我。

"你的侧影大有远山的呼唤的意境。"[22]

——*Yes 乐队*

伟大的音乐家和作家都很尊重华丽。2016 年，大卫·鲍伊（David Bowie）因为他的具有先锋设计的定制服装而得到美国服装设计师协会（CFDA）的嘉奖。瑟姬·甘斯伯格（Serge Gainsbourg），法国歌手和作曲家，那副穿衣打扮的派头就像是投行的大鳄。"快乐分裂"（Joy Division）乐队的伊恩·科缇斯（Ian Curtis）曾经以身着实用主义风衣愤怒男人形象而闻名。德隆·纽斯蒙克（Thelonious Monk）、布赖恩·费里（Bryan Ferry）、安德烈 3000（Andre 3000）、埃尔维斯·考斯特罗（Elvis Costello）、迈尔斯·戴维斯（Miles Davis）、大卫·拜恩（David Byrne）、保罗·威勒（Paul Weller），以及所有 Interpol 乐队的成员，

---

22 Yes 乐队，《环游》，《易碎》专辑 (1971 年 Atlantic 唱片公司)。

The Laws of Style: Sartorial Excellence for the Professional Gentleman

这些音乐家都晓得定制服装的魅力。套装西服就是他们传播艺术的化身。

奥斯卡·王尔德（Oscar Wilde）有些矫揉造作，但其形象打造得非常完美。他蓄长发，保持得整齐干净，其无懈可击的西服颜色赏心悦目。他每次盛装出场似乎都拿出了自己衣柜里最好的搭配。F. 斯科特·菲茨杰拉德（F.Scott Fitzgerald）的衣柜里放满了精品服装，而且笔下关于男人服装的描写栩栩如生[谁会忘记《了不起的盖茨比》（The Great Gatsby）里戴希（Daisy）身穿盖茨比衬衣游泳的情形]。杜鲁门·卡珀特（Truman Capote）让领结和玳瑁眼镜成为时尚的主打产品，他也非常注重西服的合身度和质量。汤姆·沃尔夫（Tom Wolfe）依旧是纽约的时尚偶像，他爱穿白色三件套西服和高领衫。

在视觉艺术领域，萨尔瓦多·达利（Salvador Dali）与卢西安·弗洛伊德（Lucian Freud）和大卫·霍克尼（David Hockney）一样是有名的花花公子。不妨看一看当代艺术家约翰·库林（John Currin）或者莱恩·麦金利（Ryan McGinley）是如何把自己打扮起来的。他们很会穿衣服，在大部分场合都穿着西服，看上去干净整洁，总是时髦而又得体的马克·吐温（Mark Twain）曾一针见血地说过："衣服塑造了人。一丝不挂的人没有任何影响力。"

看看，简单明了的阐述。你的形象，你的举手投足和对服装的选择，都是一个有机整体，呈现了你的精气神。科学已经用客观事实向你证实了。艺术与文学鼓励你活得多姿多彩。我与你聊这些，因为我们是一个群体。

牢记那句罗马法格言："不知法律不免责。"

2

职业人士着装不可喧宾夺主

"糟糕的法律就是最糟糕的暴政。"
——埃德蒙·伯克（Edmund Burke）[1]

在对那些让你光彩照人、使你看上去犀利、促你事业发达，甚至可能改变世界的冠冕华服进行高论之前，让我们首先探讨一下法律本身的问题。因为要真正了解这些指导职业人士着装习惯的规则，我们必须考虑一系列高低规则（还有必要的附带条件），这些规则与欧美普通法本身一样，它们不是静态的，而是动态和不断演变的。[2] 英美法系从实际情况出发，因而绝不是一刀切的典范。打个比方说，"男士着装法则"体系适用多种"着装偏好"，适用于不同的职业人

1　伯克是爱尔兰政治家，生于 1729 年，因支持美国革命党人和天主教解放而名垂青史。

2　普通法的法律制度的特点是由法官、法院和类似的司法特别法庭制定的判例法。这类法庭在个别案件中作出的裁决会被记录在案，对日后的案件审判具有先例效力。因此，该法律体系是通过考量不同事实模式的裁决而不断演变的。英美法系起源于中世纪的英国（也是现代男装的发源地！），从那里传播到大英帝国的殖民地，包括美国。

The Laws of Style: Sartorial Excellence for the Professional Gentleman

士的着装和各自的独特情况，因而是一个灵活多变的可用尺度。

我给所有人规定的一个小目标是在不损害你的职业生涯或造成客户流失的情况下（以冠冕华服）呈现自己。要做到这一点，职场人士必须了解相对论的原理。[3] 我在这里要讲的是，着装法则中也有一些基本的相对论，并基于以下几个要素。什么要素呢？回答是：基于职业人士的客户群（他所拥有的客户类型和他们所在的行业）和他在公司或律所内的资历深浅。我将在此给出一些规则，为你应该如何着装和呈现自己设定最小值和最大值。

法律中的天花板和地板

你们当中那些上过法学院的人都会记得，法律很少是明明白白的规则。我们的生活和一个文明、有组织的社会为其成员之间的和谐互动所采取的适当限制措施是基于实际情况而制定的（貌似法学教授，听起来很危险）。但问题是，法律通常不是二元的，也不是对与错、是与非的具体规定。这就是律师经常以"视情况而定"来回答大多数问题的原因，而这通常会让我们的客户感到非常震惊。

但是，最有用的法则也不仅仅是主观的，也就是说，如果法律不是非黑即白的话，它就是一种平淡的灰色，或者说最有用的法律向前迈了一大步，替我们描绘了灰色的几个层级，或者是一个光谱的两端，即其中一端是"几乎黑色"，另一端是"几乎白色"。总之，经过缜密考量而制定的法律是相对的，并且是具有一定规模的。因此，人们可以根据实际情况获得法律法规的正确指引，并可放心地确定他们的表现是合规还是违反法律原则。

---

3 请不要把它与阿尔伯特·爱因斯坦（Albert Einstein）的相对论混为一谈，正如专家解释的那样，相对论包括两种理论，即狭义相对论和广义相对论，并引入了时空（作为时间与空间的统一体）、长度收缩和拟时相对性的概念。

论"良法"

以美国侵权法中所谓过失罪的清晰论述为例，该法律论述出自著名大法官勒恩德·汉德 (Learned Hand)[4]。由于汉德著述颇丰，所以他总是被任课教师点名发言。过失犯罪的考量，或曰"汉德法则"，有时也被称为"汉德公式"，[5] 阐释了如何确定是否犯下过失罪的完整程序。最初对此考量的描述出现在"美国诉卡罗尔拖船公司案"中，该案中涉事驳船漂离码头，并撞损其他几艘船只。汉德在此写道：

> 与其他类似情况一样，船东对由此造成的伤害有提供赔偿的义务，该义务是以下三个变量的函数为基准的：(1) 船只脱离码头的概率；(2) 如果该艘船只会给其他船只造成伤害，它所造成伤害的严重性；(3) 采取适当预防措施的责任。

因此，这还算是一部有用的法律，对吧？因为它处理多种情况的方式是灵活多变的；通过提供事实证据，社会成员可以像潜在的原告和法官一样，试图合理地评估他们是否违反了法律。

我将尝试为这里的职业人士阐释类似的一套法则，但显然不是处理驳船或船只碰撞的那种。我将阐释的是一套关于职业人士着装展示的规则，它们会根据你的工作性质以及你所处的各种实际情况为你提供指导。我们开始吧，朋友们。

---

4 历史上最伟大的人物之一，与 Kiss 乐队的埃斯·弗莱利 (Ace Frehley)、沙滩排球运动员辛金·史密斯 (Sinjin Smith)、钢琴家沃尔夫冈·阿玛多伊斯·莫扎特 (Wolfgang Amadeus Mozart) 齐名。顺便说一句，勒恩德与我没有亲属关系。当然，这并不能阻止纽约大学法学院我的任课教授们每次在教学中涉及汉德的案例时都会叫到我的名字。由于汉德著述颇丰，所以我总是被他们点名发言。为此，有时我不得不以残酷的苏格拉底式的互问方法给许多案例做简报，为此我付出的代价不小，那就是我肯定知道什么时候会被召唤。这也不错，当你知道球奔着你踢来的时候，这球踢得就容易多了。
5 千万不要与我家里的"汉德公式"混淆，这实际上是我个人调制完美的"锈钉"鸡尾酒的秘方。（不仅仅是 Drambuie 和苏格兰威士忌，我的朋友们！）

The Laws of Style: Sartorial Excellence for the Professional Gentleman

着装正式程度的最小值

无论你作为职业人士的专业领域或实际工作是什么，我们都是在为客户服务，我们的客户来自不同行业，从事不同职业，因此他们有各自不同的着装守则。有些人的着装比其他人更正式，有些人的着装方式看上去要比其他人的更加奢侈。总之，他们有各自期望的着装方式。作为顾问，我们承认这些行业的准则，并以此为标准着装，这样做是明智的。

各行业着装规范实例

行业	着装正式程度	着装的奢侈程度	职业人士利用率
媒体行业	高	高	高
技术行业	低	低	中 / 低
能源	中 / 低	中 / 低	高
食品 / 饮料	低	中 / 低	中
体育	中	中 / 低	高
时尚	低	高	中
医药	中	中	中
金融服务	高	高	高
出版	中	中 / 低	中
建筑	中	高	低
交通运输	低	低	中 / 低

当你出现在客户面前时，有一些重要的参数需要考虑。请注意，不可改变的第二法则如下：

法则 2

职业人士的着装应该总是比他的客户更加正式。

这条法则受到若干因素的驱动。首先，简单地说，客户付高价给你的事务所，让你们成就专业之事，而你们也恪尽职守、尽力尽责。简而言之，客户对你们有所期待，希望你们看起来像专业人士。

我们不妨经常问问自己："客户的期望是什么？客户认为我们专业人士应该以何种服饰呈现自己？"穿衣戴帽的时候，这些都是你们必须经常挂在嘴边的问题，直到对自己信心满满。也就是说，要么是因为你专注于为某一特定行业服务，从而成为该行业的一部分，要么你只是作为一个服装预言家被"裹挟进来"。

读到这儿，很可能会在一些人的心里激发负能量，因为你必须处心积虑地琢磨如何着装。"我是一个杰出的职专人士，"你可能会为自己辩解，"我毕业于斯坦福大学，获得过沃顿商学院的工商管理硕士学位。我受过良好的训练，在一家著名的公司供职并享有很高的声誉。客户对我的评价是好是坏看的不是我的外表，而是基于我的表现和工作能力。"[6] 在一定程度上，你说得没错。是的，客户对你的评价的确要看你的表现和工作能力。但是，在这些重要因素中的任何一个还没有形成之前，在业绩和工作成绩能够被评估之前，在你的才华和非凡的才能被展示之前，你都会给人留下第一印象……第二次，可能还有第三次印象，所有这些主要取决于你的外表。根据加州大学洛杉矶分校教授艾伯特·梅拉比安（Albert Mehrabian）的研究，当我们第一次见到某人时，我们会在 30 秒钟内形成对他们的看法。虽然其中一些意见是基于他人所说，但大多数评价都是由他们的外表决定的。因此，我可以毫无保留地告诉你，30 秒内，这个星球上的任何客户都无法评判由你起草的报告的质量、你对会计准则的了解，或者你运行布莱克 - 斯克尔斯（Black-Scholes）期权定价模型的能力。

好吧，你可能是个才华横溢、上进心强、不知疲倦的人，尽管穿着不得体，看上去像个十足的懒汉，但你仍然可以与客户保持良好的关系；你可能是那种特别的独角兽，即使没有华丽的白鬃毛和尾巴，也能昂首阔步；你可能是百万

6　另外，你们中的一些人可能会这样想："处理我的工作就已经够忙活的了，现在还不得不这么担心我的着装。"

职业人士中的那个唯一，但我们大多数人都不是[7]。我们当中的大多数人也做不到。非常抱歉，假如是由我来告诉你的话。

穿着得体会帮助你掩盖工作表现中的缺陷吗？不达标的工作？最后期限已过却交不上"作业"？懒惰？当然不行。时尚达人、*Vogue* 杂志编辑安娜·温图尔（Anna Wintour）曾经说过："如果你技不如人，那就穿着讲究点。"但是我不认为这事有那么简单，因为在取得成功之前，你还有很多困难要克服，比如那些别人先入为主的偏见，例如你工作表现不佳、做事草率，或缺乏对细节的关注等。长话短说，你不是个有能力的职业人士（这就等于说你根本不专业）。

一个看起来像职业人士的秘籍是穿得像一个职业人士，而且，正如人们会一遍又一遍地强调，职业人士应该看起来既优雅又能干。一般来说，只要按照本书中的着装法则操作，就能兼顾到优雅和干练两个方面。

另外，假如你的事务所代表的是南加州的一家体育用品初创公司，比如某个滑板公司，而该公司的创始人都穿连帽衫和运动鞋，那么你的着装选择余地就相对大了，但是你仍要把握好"休闲"的尺度，不可突破现有的最低标准。也就是说，你可以选择不穿西服套装，甚至不穿外套，但仍然要保持在正装礼仪许可的范围之内。更安全的方案，当然是更适合职业人士的宽松的私人定制产品，如 Todd Snyder、Billy Reid 或 Steven Alan 等休闲类品牌提供的量身定制产品。像这样的美国休闲装是可以接受的，它们让你英俊潇洒、青春俊朗，非常适合应对此类客户。

但是请牢记：即使你穿得较为正式，你也不会喧宾夺主。记住，自始至终[8]，穿一套保守的西服，这样就安全了。灰色法兰绒会让你感

7　确切地说，1000000 人中有 999999 人不是。

8　从行为的一开始或瞬间发生的事情，而不是从法院宣布的时间开始发生的事情。

到安全,蓝色细条纹会让你感到温暖。我们将在适当的时候详细分析这些"中庸"的标准。

品牌须知

———

Todd Snyder:灵感来自萨维尔街的工匠精神,严谨的军服剪裁以及纽约的感性风骚。2011 年秋季,托德·斯奈德(Todd Snyder)推出了他的男装品牌系列。托德出道前曾为 Ralph Lauren、Gap 和 J. Crew 等品牌效力,后来创建了自己的产品生产线。2015 年后被出售给美国鹰服装公司 (AEO)(纽约证券交易所市场代码:AEO)。作为自己亲手缔造的品牌的掌门人,斯奈德提供了剪裁与版型线条上乘的西服,其产品目标群体主要针对挑剔的年轻职业人士。Snyder 品牌以其轻松、休闲以及做工精细的款式吸引了年轻一代。信息披露:我的律所 HBA 在托德将公司业务转售给 AEO 的时候曾经是他的代理,托德本人也是我的酒友。

Billy Reid:比利·里德(Billy Reid)在萨克斯第五大道(Saks Fifth Avenue)的豪华百货商场开启了自己的职业生涯,之后推出了自己的男装系列产品。2004 年,第一家 Billy Reid 专卖店在达拉斯、休斯敦和佛罗伦萨开业(远得有点离谱)。里德在西村也开了家不错的小门脸,我喜欢时不时地去看看这个品牌又有什么新品推出。里德强调美国制造,使用有美国专利的纺织品和高质量的厂牌制作成衣。它提供外套、夹克、西服面料、毛衣、针织品、牛仔布和手袋。比利·里德钟爱传统风格,又对传统略有创新,使他的风格卓尔不群。

Steven Alan:史蒂文·艾伦(Steven Alan)是珠宝商的儿子。早在 1999 年,他就推出了自己的成衣系列,主要迎合顾客对传统基本款的需求,但或多或少做了一些改良，以满足现代人对合身度和舒适性的要求。创新发现是史蒂文设计理念中的一个关键因素，这一理念在他的专卖店里表现得淋漓尽致。他的专卖店所处位置稍微偏僻，他的产品系列以及他对设计师的选择（除了自己的产品，他的专卖店也销售其他品牌的产品）都是他这一理念的再现。史蒂文自己的产品系列结合了精心挑选的纯棉面料，并专注于量体裁衣。它家的衬衣更强调合身，微妙含蓄的设计元素使产品个性化十分突出。每件衬衣上架前都经过水洗处理，以创造独特的做旧风格以及完美的凌乱感。由于它家面料每隔几个月更换一次，这些衬衣常被视为收藏品。我有几件原创设计的正装衬衣，胸部口袋竟设计在衬衣的内部。信息披露：我的律所 HBA 多年来一直是史蒂文的法务代表。

要点是：最安全的办法是让你的着装标准保持在客户设定的基线之上，因为他们很少会因为你看起来着装太正式而责备你。即使他们这么做了，也更像是在开玩笑，说出来也是心平气和的。私下里，他们还是会非常欣赏你的专业形象的。你的专业举止会使你更具有吸引力，并使你的客户感到安慰，因为不仅工作有人做，而且还是职场专业人士在做。[9]

此外，如果你的客户或是出于自我选择，或是出于舒适而延续行业习惯全都穿着随意，或者更重要的是，着装是他们反对趋同的一种宣誓，他们甚至可能还会感激你，因为正是由于你，他们才可以不必穿西服系领带。他们会认为（因为他们不经常穿西服）你会感到窒息和不舒服（虽然我们会在下文中看到，西服可以是最不令人窒息或不舒服的着装方式了）。他们可能还会觉得，让你穿着保守的制服走来走去是再好不过的了，因为是你在向他们收取服务费，而且毫无疑问，还是价格不菲的那种。当然，这些服务是必要的，但在大多数情况下，

9　就像许多企业客户坚持为新成立的公司的文件上加盖的那种政府公章。盖这些公章要花很多钱，而且要求在他们公司文件上盖章，看上去就像 18 世纪那样老朽，不过他们看上去的确优雅，目的性和专业性都很强；所以他们仍然看上去显得很正式而且持之以恒。

使用这些服务的客户仍然认为这些服务的收费过于昂贵。

这使我想起了自己第一次和一对意大利父子见面，他们经营着一家生产服装配饰的家族企业，我们暂且称之为贾科梅蒂（Giacomettis）吧。那是个星期天，地点在我们的客户——设计师菲利普·里姆（Phillip Lim）位于长岛东端温馨的家中。贾科梅蒂父子是相当典型的意大利范儿——潇洒不羁，从头到脚可能都是 Brunello Cucinelli 品牌的杰作。他们的着装优雅、休闲，没有系领带，上身穿着宽松的亚麻衬衣，脚上穿的是 J.P. Tod's 的乐福鞋，但没穿袜子。总的来说，他们看上去精致潇洒，但很休闲。第二周，贾科梅蒂先生来到我们在纽约市的办公室，准备正式确认和我们律所的合作事宜，我们的税务部门主管身着自己平时的商务休闲装出现在休息室（在此之前他曾经问我，与贾科梅蒂父子见面时是否可以穿着休闲点儿）：G.H. Bass 马鞍鞋、休闲裤、纽扣式短袖衬衣。虽然这并不是对办公室礼仪的公然冒犯，但是与贾科梅蒂赴会的着装相比，我的搭档看上去像个彻头彻尾的笨蛋，因为那天贾科梅蒂父子分别身着 Isaia 和 Kiton 的西服，系着 Etro 的领带，皮鞋则出自意大利北部工匠之手（这位意大利工匠大名鼎鼎，与他们的工厂的经理相熟）。老实说，我那税务合伙人的到来使空气中充满了紧张气氛。贾科梅蒂父子看上去大惊失色，明眼人可以看出，我的合伙人的休闲装束让他们感到不受尊重或被怠慢（或两者兼而有之），就如同我把他们介绍给了某个复印机修理工，而不是在乔治城大学（Georgetown University）受过高等教育、获得了高级学历的大律师（这就是我的搭档）。尽管我们保住了这个客户，但是在此之后他们从不与我的这个搭档直接联系，甚至是我根本无法解答的复杂税务问题也不直接问他。他们通常的做法是先把问题问到我这儿，让我从搭档那里获取答案，然后再由我转述，就好像他们想忘记见过他一样，而这一切都是因为他非常不专业的着装让他们耿耿于怀。我的搭档似乎被打入了冷宫，这都是他糟糕的着装风格所导致的。

律所内部的一些人（所谓"被误导"的那帮人）认为，如果我们的着装比客户（特别是那些来自文创和技术行业的客户）还要正式，那么我们就会疏远他们。原因在于，客户不相信"西装革履"人士，相反，却更喜欢与那些穿着更像自己的人打交道。这个解释貌似合理，即表面上客户更喜欢和他们着装一样的职业人士。这种误入歧途的假设认为，客户想和与自己"志同道合"者在一起，而职业人士的"非专业"着装加剧了这种误导的感觉。

当然，此等误入歧途的推理一定是"脑子进水"了。客户花钱雇你不是为了和你称兄道弟，聘请你的事务所也绝不是要与你和你的同事一起吃喝玩乐。

事实上，客户根本不希望能为他们提供专业服务的专业人士，到头来不过是一群无用的酒囊饭袋。与他们一起"吃喝玩乐"的是不得志的设计师、艺术家、程序员、演员之类的人物，而真正的专业人士应该是指能够提供金融、法律、会计或咨询服务的高品质专业人才，为此客户才会甘愿支付大价钱。

因此，客户想要看到的专业人士应该这样的：他们生来就是要做专业的事情，兢兢业业、一丝不苟。正如 A.D. 阿里瓦特（A.D.Aliwat）在《阿尔法》（*Alpha*）一书中所说："能当一个火箭科学家并不意味着你很聪明，可以在金融领域工作。"[10] 但是客户需要相信你有这种感觉，所以至少你应该看起来感觉如此（即使事实上你没有）。客户会欣赏你的正式着装，因为着装正式会给他们的业务增添严肃感，并给他们一种放心的感觉，因为他们会认为公司的业务进展顺利。此外，那些搞文创的客户也会意识到，当与"西装革履"的职业人士们同处一室的时候，他们（客户自己）看起来是多么随意和漫不经心。

因此，重申一下第二条法则，客户为你的着装设置了一条底线，低于这条底线无疑是自找麻烦，当然，当你怀疑或者只是预防跌下这条底线时，切记把目标定得高一些。正如贾科梅蒂所说："做一个仰望星空的人！"[11] 毫无疑问，说此话的时候最好还要加上些手势！

10　A.D.Aliwat，《阿尔法：傻帽作为一个年轻人的画像》（*Alpha: A Portrait of the Asshole a Young Man*）（Altair 出版社，2015 年）。

11　此处原文为意大利语：puntare le stelle！

品牌须知

Isaia: 诞生于 1920 年的意大利，随后走向世界，主要在欧洲各国、日本、中国和美国销售高档服装，Isaia 已成为高端定制男装的国际商业模式，同时它又保持了那不勒斯的时尚传统。Isaia 品牌强调品牌的独特性和个性，力求表达着装者的个性。Isaia 凭借精湛的制作工艺，不断拓展其国际业务，现已成为举世闻名的男装成衣品牌。Isaia 的知名度不仅来自它精湛的工艺，也来自它的品牌 logo——"红珊瑚枝"。

Kiton: 从一个只有 40 名裁缝的那不勒斯的小作坊开始，Kiton 开疆扩土，逐步拓展进入欧洲市场；1988 年随着 Kiton 集团公司的成立正式进军美国市场。在此之后，他们在远东地区开设了旗舰店。Kiton 早期专门从事男士定制服装，后转型缝制手工衬衣和领带，进一步拓展到鞋类、针织服装、眼镜和女装市场，并以其华贵的面料和精致的剪裁享誉国际市场。Kiton 裁缝培训学校成立于 2001 年，旨在通过对年轻裁缝的培训来保持品牌的高质量。Kiton 目前在 15 个国家拥有 40 多家门店，雇用了 750 多名员工，充分说明其在全球高端服装市场中的翘楚地位。

G.H. Bass: 1879 年，乔治·亨利·巴斯（George Henry Bass）创办了 G.H.Bass 有限公司。公司以制造最好的鞋子为目标。1936 年，G.H.Bass 因制作了世界上第一双乐福鞋（penny 乐福鞋）而闻名，此款皮鞋至今依旧深受消费者的青睐。詹姆斯·迪恩 (James Dean) 和肯尼迪 (Kennedy) 等美国政治文化名流都曾穿过 Bass Penny 乐福鞋和 The Weejun 鞋。2011 年，该公司与 Tommy Hilfiger 合作，推出了一款高级限量版的乐福鞋，即"Penny Loafer-Originals with a Twist"。虽说看起来很有专业范儿，但是 G.H. Bass 马鞍鞋（Saddle Shoes）的性价比也是其他品牌无法比拟的。

The Laws of Style: Sartorial Excellence for the Professional Gentleman

奢华要有封顶（Affluence Ceiling）

穿着正式是职业人士着装需要注意的一个标准，须臾不可小觑，也就是说穿着正式是职业人士着装的底线。但是财务自由程度则是另外一个硬性指标，它通常会给你如何为冠冕华服而大把烧钱设定了封顶（上限）。因此，第三条法则是：

> **法则 3**
> ————————————
> 职业人士着装不可喧宾夺主。

为客户打工，但穿着打扮却看起来像个亿万富翁（显然你的客户还不是亿万富翁），会使客户怀疑给你这位打工仔的薪酬过高了。由于薪酬是由客户支付的，任何决策失误都会让他感觉不爽。当客户发现自己的跟班着装过于炫目，他可能会不禁问道："这到底是谁给谁打工啊？"或者他还可能这么想："那块蓝色表盘的 Rolex 水鬼腕表不错啊，花了多少钱买的？老天爷，那块表简直太漂亮了，但是他怎么买得起？很可能他还有辆专车等在楼外，而且那辆专车的车费也是用我的钱支付的吧！还有，那辆专车是普通的林肯加长版还是更拉风的那种？是奔驰的迈巴赫吧？2月份还看到他古铜色的皮肤！他是刚刚去了圣巴斯，还是伊比沙岛？或者是那些我叫不上名字的什么地方，这一切都是因为我只是个穷困潦倒的土鳖，只有他才配得上享有如此富贵荣华的人生？天啊！难道他的这些花销都是由我们公司买单的吗？"

客户会对你炫富颇有微词，有时还会有过激反应。因此，大多数情况下，在客户面前还是要尽量保持低调，不能喧宾夺主。[12] 例如，你的客户是一间上市

---

12 我承认，在刑法、移民、人身伤害和其他领域，你们中的一些人还是应该享有例外的。请参阅下文中隐匿身份资格的阐述。

公司，它的 CFO 或 COO 工作勤奋、勤俭持家，（到访贵事务所）坐在你们位于 58 层的会议室里，他眼中欣赏的不仅是窗外的美景，而且还会盯着你那套私人定制的 Gieves & Hawkes 豪华西服，以及你袖口上那对 BVLGARI 的纯金袖扣，同时心里还在盘算你每小时收费中有多少用于支付这些奢侈品，他甚至还会认为你可以放弃购买豪宅也要买这些奢侈品。鉴于此，可能导致客户不仅重新评估公司的合法性、账目，以及投资融资预算，而且还很有可能重新选择律师事务所。

The Laws of Style: Sartorial Excellence for the Professional Gentleman

品牌须知

Rolex：瑞士钟表制造商，全球最大的奢侈品腕表制造商，也是世界顶尖腕表制造商，它在"福布斯"（Forbes）全球最具影响力品牌排行榜上排名第 64 位证明了这一点。Rolex 于 1905 年诞生，是腕表行业的先驱，它生产了世界上第一只防水手表和首款可以自动转换日期的万年历表。Rolex 是许多著名的高尔夫球和网球体育赛事以及马术锦标赛的赞助商，这也凸显了该品牌的杰出地位。如今 Rolex 手表已经不仅仅是一个计时设备，其品牌的声誉与价值早已使它成为世界手表业的翘楚，这在很大程度上归功于 Rolex 手表的卓尔不凡、品质超群。Rolex 手表是用黄金和特种钢手工制作的，由于制作工艺精湛，是机器加工难以比拟的，所以价格昂贵。此外，Rolex 采用严格的质量管控体系，几乎所有的零件都不外包，以确保 Rolex 手表的质量实至名归。

Gieves & Hawkes: 成立于 1771 年，是世界上最古老的定制制衣公司之一。该公司提供各种尺寸的成衣和军服的裁制以及其他服装定制服务。作为一间皇家御用制衣公司，Gieves & Hawkes 一直受到英国皇室的青睐，自 1809 年获得英国皇室认证至今，一直沿袭原有传统血脉，西服设计闻名于世。用奥斯卡·王尔德的话说："一个人，要么是一件艺术品，要么就穿艺术品。"为满足客户的不同要求，该公司提供私人裁缝和定制服务，并为能够提供独特而精湛的西服剪裁服务而自豪。他们的私人裁缝提供高品质的客户关怀和细节关注，这些服务通常只作为定制服务提供给高端客户。悠久的传统和精湛技艺的结合，使他们不仅能为欧洲乃至世界的皇室成员提供私人定制，而且还能够为那些代表他们品牌形象的许多行业巨头和职业人士提供服务。

BVLGARI：成立于 1884 年，意大利珠宝设计精髓的象征。1975 年，BVLGARI 跨界进入制表业，推出了标志性的"BVLGARI-BVLGARI"腕表。2011 年，法国奢侈品集团公司 LVMH 收购了 BVLGARI。受到罗马恢宏的建筑史启发，BVLGARI 努力通过腕表和配饰来重新诠释这一美丽的瑰宝。总之，BVLGARI 首饰在生产中以色彩为设计精髓，这也是其最明显的特征之一。

尽管现实如此，所谓腰缠万贯是一个难以确定的绝对概念。它有其微妙的例外，朋友们，让我们一起来面对它吧，有些做工精美的饰品以及某些最为时尚的面料也许价值连城，因而我永远不会建议你们穿戴。这是因为其中有"天花板"一说。所谓天花板就是要避免毫不掩饰的、花哨的，有时就是通过你的穿衣戴帽而赤裸裸地"显富"，这样做无疑是令人不齿的。因此，我想借此机会设定一个不那么令人讨厌、含蓄外露的标准，即"隐蔽的限制性条款"。

法则 4

相对于客户来说，职业人士可能会拥有一些
相对昂贵的衣服和 / 或配饰，
但是，前提是这些服饰的风格应该含而不露，
或者大隐隐于市，
干脆隐藏于他人的视线之外为好。

如果保持低调不显山露水，许多含蓄的"露富"是完全可以接受的。即使是一套昂贵的定制西服，假设它的颜色选择是有品位的（只要不解开袖子或显露华丽的里衬），都不会引起人们的侧目。[13] 正如我们将要在下文讨论的，做工精良的黑色或棕色皮鞋低调奢华，从不会令人侧目。同样，许多外观优雅、做工精致的腕表大多含而不露，往往只有超级腕表鉴赏家们才能识别出来，下文我们还会对此有所探讨。而且，如果你了解所拥有的奢侈品的质量和产地，那么你完全可以傲视群雄，藐视某些所谓职业人士的傲慢与自大。

还需要指出的是，价格便宜并不一定等同于不入流。有几家西服厂商的服饰价格相当亲民，但它们推出的主流款式套装做工精细。例如，在过去的近两个世纪中，Brooks Brothers 推出的西服深受消费者推崇，最近，J.Crew 和其他平价品牌后来居上，为许多刚刚出道的职业人士，例如初级分析师或律所合伙人等提供了专业的行头，并在经济实力允许的范围内让他们得以冠冕华服。像 Suitsupply 与 Frank & Oak，以及 Shinola 和 Seiko 等生产各种配饰（包括手表等）的厂牌，都推出了性价比较高、款式大方的平价产品，因而也值得推荐。总之，即使囊中羞涩，你依旧会发现自己也能做到有品质、有品位。

13　具有讽刺意味的是，与廉价的西服相比，较为昂贵的私人定制可能会更精致、更低调，因为萨维尔街上注重传统、手艺精湛的剪裁大师们往往以含蓄低调为荣。

品牌须知

Suitsupply: 近期打入男装市场的成衣品牌，是福克·德·荣 (Fokke de Jong)2000 年在阿姆斯特丹的学校宿舍里创立的品牌。目前，这家欧洲品牌的西服已经成为许多美国男性的首选，因为该品牌已经达到了许多人所希望的理想组合，即款式风格、适宜性和价格三合一。Suitsupply 能够在保持其款式风格的同时降低运营成本，方法是使用垂直一体化的营销方法，并将许多店面保留在租金较低的地区。其产品的质量和美感都是一流的，与穿戴那些昂贵的名牌西服大有异曲同工之妙。该品牌的广告宣传活动从不墨守成规，与其创新风格相得益彰，其中包括与传统男装品牌价位相似，但是剪裁更讲究、版型更修身的西服套装。

Frank & Oak: 2012 年始创于加拿大,其品牌目标是在保持价位可及性的同时，帮助男性消费者穿着时尚。它的潮流风格设计既适合休闲场合，也适用于较为正式的场合，并通过设计创新和技术升级使品牌保持价格的合理性。从一个线上零售商开始，该品牌在其电子商务网站上全程提供时尚造型服务。目前，在其拥有的 14 家零售店面内均设有咖啡吧和理发店等福利设施，他们认为这将是零售业的未来发展趋势,据此这个品牌正在席卷北美市场。信息披露：我们 HBA 事务所为其作法律事务代理。

Shinola: 总部位于底特律的奢享生活品牌，专门销售价格适中的男女腕表、皮具箱包和其他配饰，致力于为消费者提供高质量、高美誉度的产品。Shinola 以品牌价值为重，为其销售的每一只手表提供终身保修。Shinola 不仅因其时下流行的产品而声名大振,而且还因其"美国成功故事"而远近闻名。该公司所有的生产制造业务全部集中在底特律，为重振该地区的商业、提供就业机会做出了巨大贡献。

Seiko: 日本钟表制造商，生产男女各式豪华腕表和价格适中的中低档手表。
Seiko 在日语中的意思是"成功"或"精致"。作为手表工业的先驱，Seiko
在 1969 年生产了第一款石英表——精工石英天文表。此外，Seiko 还制造了
第一只使用全球定位系统的太阳能手表。该品牌致力于质量和创新，外加其
适中的价格，使其成为追求体面，但又讲究性价比的男性的理想选择。

当然，相反的情况也是真实的（也许不是一般的真实）。昂贵的物品并不
一定就是最适合正式场合的。对此，有许多"高档牛仔"品牌的例子可以证
明，这些品牌以高于 Brooks Brother 西服的价格销售牛仔裤，但我从来没有把
这两者在正式程度上相提并论。此外，高端时装公司和设计师，如拉夫·西蒙
斯（Raf Simons）、让-保罗·高缇耶（Jean-Paul Gaultier）、艾迪·斯理曼（Hedi
Slimane）、维斯维姆（Visvim）、里克·欧文斯（Rick Owens）、达基·布朗（Duckie
Brown）等人，正在寻求突破男性时尚的界限，并试图从文化和艺术的视角扩
大男性和社会看待男装的方式。这是值得称赞的，也许这些前卫的服装适合那
些从事创意的职业人士穿戴，他们所处的行业也是从事前卫和突破性工作的（或
者那些通过穿戴体现创新者角色的职业人士）。但是对于你来说，职业人士中的
各位大佬，就不要用这些时尚品牌来充实你的衣柜了吧，束之高阁也许是最佳
的选择。关于时尚的详解以及个中原委，我会在第三章续聊。总之，职业人士
应该可以回避之。

主—宾倒置的特定情形

然而，有些"限定"应该引起注意。在某些专业情形下，通过衣着来表现

财大气粗实际上也会带来好处。当你的客户期望通过雇用你和你的公司，他们就实现"质的飞跃"，或以此期望撞上财神爷，那时，只有在那个时辰，显山露水式的冠冕华服就非常可取了。因此，我们将该原则定义为"主—宾倒置的特定情形"：

法则 5

职业人士的着装应低调，不应比自己的客户显富，
但如果客户不够练达，你则可以穿得奢侈一些。

专门从事人身伤害案子的律师就是一个很好的例子。他们通常不按小时收费，而是在案子胜诉之后收取一笔总的酬金。在紧急情况下，他们会先接下那些最令人头痛的案子。在法律领域的这一分支中，客户往往希望看到专业人士的成功证据。因此，他们可能会根据你的着装打扮粗略地如此推断：你越是锦衣华服，他能拿到的损害赔偿金就越多。所以，穿金戴银，看起来像暴发户，实际上会使人身伤害律师看起来更像个有能力的律师。

投资银行家、娱乐业的律师和经纪人更能代表这种现象。同样，这也是由这种关系的经济规律决定的。投行和娱乐业的行业通行做法是打赢一个案子获取一笔律师费，即从胜诉案件的总收费中按比例提成，而这个提成也要等到客户实际上赚了钱或者交易完成之后才能支付。[14] 我再说一遍，你越是穿金戴银、显山露水，人家就越认为你这个万能的职业人士会给他们的兼并重组案子，给乐队、运动员、演员等带来更强的成功感。或者说，这是人们的惯性思维使然。

14　诚然，在实际操作中，这些概念的实施会有所不同。当然，除了按比例提成外，投资银行会在案子完成之前就收取一笔聘用费，但问题的关键是客户对这两位从业者成功的看法是一样的。

你可能会注意到，人身伤害案、体育界和娱乐业等领域中的一些客户可能不是专业服务最成熟的消费者。这并不是贬低某些专业性极强的领域（或这些客户）。在这些从业人员中，我们还是可以找到一些专业知识水平处于翘楚地位的优秀人才的，然而，虽然他们的富裕程度甚至可与客户比肩，但是他们中的某些人似乎在与其竞争对手进行一场服装军备竞赛，他们更加大胆，把专业人士冠冕华服的标准提高到了令人厌恶的地步。在一定程度上，我对这些专业人士深表同情，因为他们的职业生涯使他们有可能看起来更像推销员而不是绅士。当然，职业人士中不乏时尚达人和绝顶聪明之人，他们充分认识到，并不是所有的客户都会受到炫富心态的左右，其实有些人还是专业服务与服饰时尚的成熟消费者。特别是他们当中真正懂时尚、有智慧之人都知道，千方百计穿得像个大款绝非明智之举，因为这与真正的时尚背道而驰，这种看似富有的表象其实是一种奴性。总之，专业人士认可的风格意味着着装要专业，也就是说看起来既优雅又能干。[15]

因此，根据"含蓄"限制条款和"主—宾倒置的特定情形"，请诸位考虑这两条法则：①着装比客户要更加正式，②着装不能喧宾夺主、严禁炫富，这是行业着装的金科玉律。用底限和上限像契约一样约束你，你要严格遵守契约。关于休闲着装的尺度，请与客户保持在一个水平线上，如果要在他们面前锦衣华服，请记住他们同样设置了上限，在他们面前炫耀财富是不明智的。

牢记那句罗马法格言："不知法律不免责。"

---

15 首先要为我的重言式句法道歉，我想强调的是，穿衣戴帽追求专业正是职业人士着装应该向往的风格。

3

职业人士着装要向老板看齐

"一个有趣的问题是，如果人们脱去衣服，

男人在多大程度上还能够保留自己的相对地位呢？"

—— 亨利·戴维·梭罗（Henry David Thoreau）[1]

客户——他们的需求、愿望和认知——显然驱动着我们中的许多人做什么，如何做，以及我们应该在工作状态下如何着装。这是因为我们为他们工作，但是更直截了当地说，我们也是在为自己的老板工作。因此，另一条应该指导职业人士着装习惯的法则是他所在公司内部的相对性原则。每家公司都有自己的着装习惯和规范，这些规范在很大程度上是由事务所的客户决定的，但也受到他们所在的区域、公司的声誉以及整体文化的影响。我知道洛杉矶的公司比某些纽约或伦敦的公司更为正式。在美国南方和华盛顿哥伦比亚特区，我在有些公司见过着装最为正式的职业人士。在美国以外的国家，着装规范发生了巨大

1　19世纪美国著名的散文家、诗人和哲学家。梭罗以著作《瓦尔登湖》和檄文《论公民的不服从义务》影响世人至深。他还以撰写自然史和废奴主义活动而名垂青史。

的变化。一般来说，公司内部的规定是让大家看上去既专业又时尚，允许保留一定程度的自我呈现，并且在这个过程中不会危及你的职业生涯。

现在，如果你觉得自己客户无数、财源滚滚，而且你不觉得需要和同事们同流，那么本章所阐述的法则对你的用处可能是有限的。另一方面，假如你是一名律所的合伙人、法律顾问、高级管理人员、初级合伙人，甚至是律所内有远大抱负的高级合伙人，那么除了客户相对性法则外，你还应该遵守以下的戒律。

在你成为合伙人之前穿得要像个合伙人

开始的时候，下一条法则对你来说可能不是很容易遵守。对此我表示同情，但这条法则即使不是特别公正，也是必要的。正如奥利弗·温德尔·霍尔姆斯（Oliver Wendell Holmes）[2] 曾说过的："这是法律的法庭，年轻人，不是正义的法庭。"尽管不公平，但事实是，许多在贵公司担任要职的年长男性（让我们面对现实吧，你们的公司仍然是由年长的男性主导——可能有特定社会经济背景的那种），依然羡慕你们激情勃发的青春活力。这种羡慕嫉妒恨表现在许多方面，其中之一就是让这些老保守把更多更具表现力与男子气概的华服穿在了自己身上。老保守们坚守这些父权体制下的残渣余孽，正是这份坚守得以让他们保留了自私自利的传统以及所谓"上帝赋予他们的权利"。我的朋友，时尚摄影师达里奥·卡尔梅斯（Dario Calmese）把这个意思说得更加不幸："在一个种族分化、大男子主义和厌女症猖獗的美国，所谓阳刚之气——或者至少是一种表面上令人信服的男性霸权的表现——被视作一种宝贵的财富，成为具有高度性别色彩的物件，即'着装与身份的一致性'。从视觉与文化的视角来看，它一直被视为快速接近和强化男权的'绿色通道'。"

---

2 作为一位杰出的诗人，霍尔姆斯被誉为 19 世纪最优秀的作家之一，以《早餐桌》系列而闻名。他也是一位著名的医改倡导者，曾撰写过一篇有关一位长期发热的外科医生的论文，当时学界认为其具有很大的创新性。

由于这个原因，某些服饰与饰品被赋予了历史优越感和权利。这与社会分层的等级制度有关——等一等！——就是那种通过对着装规则的操纵来实现对社会阶层的控制。[3] 其结果是这些服饰太艳俗，根本不宜穿戴，还不如直接用一张名片说明你是何许人也。但是这样做的原因是，穿戴这些符号性的服饰可以向你的合伙人或董事总经理暗示（其中也包括你的同事、分析师和副总裁等一干人马了）你正在享受成功人士的"服饰"待遇（享受成功的外表），然后再真正经历那考验人的成人仪式（八年或更长时间的苦熬）并最终修成正果。请看法则：

法则 6

职业人士应根据公司内的级别和资历来着装。

希望这只是一个额外的激励，旨在鼓励诸位努力工作、事业有成、学贯中西、活力四射，最终名利双收。想想看吧——除了声望和更高的收入，一旦拥有如此高的社会地位，你便可以丰富自己的衣柜，为自己提供更好的自我表现机会。

为此，围绕上述法则，还有一些不一样的，但相当成熟的原则需要遵循。

谨慎使用吊带

不需要那种花哨的印花吊带（或者，坦白地说，这是显而易见的）。吊带是西服剪裁线的最佳体现，请参看下文的解释。进一步说，吊带与西裤二合一已经是缺一不可的标志性物件，它不仅可以让你的

---

3 是的，是我把那句"等一等！"放进去的！

裤子（依我之见）非常舒适地保持"中位"，还可以通过吊带上的印花来展现男装的魅力。对于后一种做法，在任何情况下，我通常是持反对意见的，我认为大家应该尽早放弃那种带有印花的吊带。如果穿上西服套装后觉得的确需要吊带，或是你的体型和腰围等原因你嫌系腰带麻烦，那么就要佩戴黑色，或是藏青色，或是棕色等色调暗淡的吊带，这样就能避免引起不必要的注意，否则人家很有可能会把你视作暴发户。

<h2 style="text-align:center">对比等于冲突</h2>

不穿对比领（领子颜色与衬衣颜色不同）的正装衬衣。对比领衬衣在一些公司被称为"合伙人衬衣"。我真的不知道为什么，但鉴于它的名字，真的，我恳求你不要穿，除非你已经是合伙人了。打个比方说吧，只有牛仔才应该戴牛仔帽，只有篮球运动员才应该穿比赛背心[4]，因此，只有合伙人才应该穿"合伙人"衬衣。该款式的衬衣其实相当精致，两个经典款式分别是蓝色条纹和蓝白相间条纹的颜色。对我来说，这只是可以接受的两个款式。无论如何，任何款式的"合伙人"衬衣的领子和袖口都应该是白色的。在这种搭配格式下，衬衣的款式无足轻重，系一条颜色稳重的领带，就是完美的西服领带组合。不过，如果你不是合伙人，就不要去凑这个热闹了。

<h2 style="text-align:center">法式袖口——简直是疯了[5]</h2>

避免穿法式袖口衬衣，除非你有静音袖扣（其实一对简单的丝绸盘扣就可

The Laws of Style: Sartorial Excellence for the Professional Gentleman

---

4 不，老实说，我不认为穿着篮球运动员比赛的大背心看上去有多帅，无论是谁穿，哪怕是在海滩上穿，或者是大学生放春假时穿，都很不合时宜。但是这并不是说在上述情形下穿运动背心不合适，只是大多数（男）人穿着背心看上去就不顺眼。

5 此处原文为法语：C'est Ouf.

以了）。除相当正式外，法式袖口的式样也很精致。此外，各种袖口扣眼还可以让你使用很多设计新颖、超乎想象的袖扣，但是只有合伙人／董事总经理级别的高管才能佩戴这些袖扣，而且常常被他们"误戴"。他们才有资格穿带法式袖口的正装衬衣。同样，出于种种原因，我反对经常穿带法式袖口的正装衬衣，因为这样的袖口不易卷起。虽然从表面上看，卷起的袖子显得不很正式，但是它传递了一种认真对待工作的态度，想想看，从字面上理解，卷起的袖子有一种很棒的视觉效果，大有"撸起袖子加油干"的架势。但是要挽起法式袖口式衬衣的袖子简直是太闹腾了。首先是要摘下袖扣（问题是摘下后放哪里呢？），然后需要穿上外衣的时候还要把它们重新戴上，这可真是难上加难了。所有这一切都已不再是上班时必须保持着装整齐时髦的问题了。

池中无水

千万不要佩戴折叠得像"天女散花"的那种口袋巾。我们会有专门的章节详谈如何折叠口袋巾，但是我不会去碰那种散花状的口袋巾，因为无论是那种顶端全部翻露出来的，还是那种常常只有一个或两个顶端外翻出西服外衣口袋的口袋巾，都像茂盛的热带花草一样，显得凌乱扎眼，还是留给那些资深的职业人士吧（因为只有他们当中最为大胆者才会如此折叠口袋巾）。所以，就让我们姑且把这种折叠法看作高难度的花样跳水吧。这不是初学者的规定动作，作为一名初级律师，你若穿得太花哨，即昭示你那不完美的"散花式口袋巾"，那你看起来一定像个傲慢的"土鳖"。

荒唐小混蛋奇遇记（Pee-Wee's Big Adventure）

除非你真的来自南方大户人家，或者是大学教授，否则还是别戴领结吧。

别误会我的意思，领结是很好的社交正装配饰，带有一点书生气（考虑到我们的教育背景，大多数职业人士都会倾向有此气质）。领结可以被看作是大胆表达自己的某种观点，实际上，比起领带，它们更让人感到舒适，而领带总会让人感到累赘，特别是在许多特定的上班时间。但是对于初入职场的人来说，领结仍然是企业文化中心知肚明不可言说的事物。领结是合作伙伴、董事总经理，当然还有教授的标配。如果你啥都不是，就把它们归至特殊场合的正装系列吧。

剪裁高级的西服——不适合你

职场人士入职初期，在选择西服套装款式时，一定要仔细斟酌，比如是否选择双排扣，如果你觉得自己的身材适合穿这种款式，那么就要穿得舒服、自信，而不是犹豫不决或盲目听从他人的建议。[6] 三件套西服对于年轻人来说也是个挑战，尽管穿着看起来很气派，但是，穿三件套的确可以让人看上去相当时髦和气派，即便不穿外衣，里边配一件合身的马甲背心看上去也会显得潇洒自如。马甲有助于塑造一个运动型的、拥有男性魅力的职业人士，尽管他很少去健身房。比如说穿马甲后会突出手臂，让人忽视你的躯干和腿部的问题。尽管如此，还是等到你做到了高级职业人士的位置，再穿马甲吧（也不迟啊）！[7]

此外，某些印花面料，如厚粉笔细条纹、各

6　如果你身材偏瘦，而且是高个子，双排扣西服会更充分展示你的外形之美。我们将在第 7 章详细讨论量体裁衣以及西服剪裁的细节。

7　在这件事上我会谨言慎行。我绝不会因为某位中层同事拥有一套深灰色或藏青色等颜色的三件套而责怪他，虽说他穿着得体。但是，你可以随时脱下马甲以适应不同的场合。

The Laws of Style: Sartorial Excellence for the Professional Gentleman

种颜色的大格纹，以及多重色彩的乡村花呢面料等，对于初出茅庐的年轻人来说都会显得过于标新立异了。也就是说，你的地位还达不到，等到有人邀请你到他的乡村豪宅打猎或者骑马时，你才有可能冠冕堂皇地穿上英国传统乡村绅士才能穿戴的礼服（尽管如此，在城里穿成这样仍然会显得有些古怪，但至少别人不会以为你是神经病）。因此，年轻的绅士们，回避是上策。

关于烟斗的幻想

无论是普通的香烟还是雪茄，抽烟一直被视为恶习。从大众健康原则出发，应该避免吸烟。然而，抽烟斗还是高大上的。

> "我相信烟斗吸烟有助于在所有人类事务中
>
> 作出某种冷静和客观的判断。"
>
> ——阿尔伯特·爱因斯坦

我是一名律所合伙人和法学教授，而且非常自信。尽管我对烟斗着迷，但我仍然不会在公共场合抽烟斗。这是因为抽烟斗需要你是真正的"美髯公"，

不能是嘴上无毛，还要有那种老派的……绅士范儿，这样你才配抽烟斗。看上去是对的。但这是一种姿态，与着装或外表仪容毫无关系，所以我可能有点跑题了。如同收集古董轿车，和孙子一起钓鱼，知道如何鉴赏（并且收集了少量的）红酒一样，抽烟斗是为那些热爱生活并且人老心不老的逆龄绅士准备的。当然，迟早有一天你也会成为"美髯公"的，如果那一天真的到来了，请一定好好享受，你这只老"银狐"（性感老绅士或熟男）。

所以，在你成为老板之前，不要表现得像老板，也不要打扮成老板。公司制定的规章制度就像是野蛮的丛林法则，银背大猩猩似的大佬们说一不二，对

手下那些羽翼未丰的年轻人来说可谓"三座大山"，甚至为了稳当还可能将他们对冠冕华服的渴望予以扼杀；而且，形势还可能会更糟糕，特别是在这些初出茅庐的后生企图夺取大佬们早已据为己有的"着装规则"之时。我的忠告是：年轻人，请不要急于改变原有社会阶层或者企业内的等级制度。遵守这个法则，不然你就会发现周五时会接到无数通来自人事部人力资源总监办公室的电话，不断地问你："这个周末的日程安排如何？"遵循这一规则，你甚至还可以在款式风格方面更加游刃有余，看上去既有能力又温文尔雅，既不显得傲慢也不给人以冒犯之嫌。

穿得比同龄人得体

如果你正在阅读本章的内容，并遵守上述法则，很有可能你会比自己的同事穿得更讲究，你的衣着款式可能更富于变化，你也可能会更自信。因此，在你的同龄人中，对着装风格的掌控也有着等级之分，原因是穿着得体的职业人士和穿着不合时宜的同事之间是不可比的，这就叫作"表面上"[8]看着就不同。

通常情况下，当你穿着得体、遵循着装法则的时候，你会发现很难真正地尊重那些衣冠不整的同事，要么是因为他们犯懒，要么是因为他们无知而不屑衣冠整齐，要么是两者兼而有之。公司的合伙人和总监们更愿意（实际上——经常通过经济手段）奖励那些他们认为对公司声誉最有贡献的职业人士。这应该是天经地义的。在其他条件相同的情况下，那些看上去有能力和着装优雅的职业人士将获得提拔，而那些看上去衣冠不整或软弱无能之辈则难有此殊荣。换句话说："尽管无法改变他人，但是穿着得体可以起表率作用，因而绝非外强中干。"[9]因此，你那些衣冠不整的同事们肯定不会像你那样

8　此处原文为拉丁语：prima facie. 指正式开庭审判前的证据足以证明某一诉讼案件或者刑事诉讼是成立的，除非审判时有一方能够提供重大反面证据。检方向大陪审团提出的初步证据确凿的案件将导致起诉。

9　见《四人帮》，《绝非名士》，*Entertainment*（EMI，1979）。

"官"运亨通（着装就更不会像你那样有品位了），这是公平的，也是应该的。相关法则如下：

法则 7

聪明而睿智的职业人士应该比其同辈穿着更得体。

然而，即使穿着更加时尚，职业人士也必须在一定程度上遵守（如果不是严格遵守的话）全部着装法则。考虑到你的同辈都是职业人士，和你一样，他们也关心晋职和晋升，因此，我怀疑你们中间有可能会发生一场恶战，这是很自然的事情。因为人人都想在这场"服饰展示的竞赛"中独占鳌头，而不幸的是，有人会误以为这是要自己成为当下流行时尚风向标或者男装时尚潮流的代言人。兄弟们，这条道是走不通的。

成为公司里"时髦的家伙"是有危险的

"时尚易逝，风格永存。"杰出设计师伊夫·圣·罗兰（Yves Saint Laurent）曾经替我们作出了十分精辟的概括。你可以写一本关于风格和时尚的书（很多人都写过了）[10]，但对我来说，它基本上可以归结为时尚，它属于某个特定的时尚季节以及设计师推出的某种款式，根据以往的历史，大家都会从这些时装中挑选自己喜欢的款式。

---

10 艾丽西亚·德雷克（Alicia Drake），《美丽的秋天》（伦敦：布卢姆斯伯里，2007年），亚历克斯·纽曼（Alex Newman）和 Zakee Shariff，《时尚 A 至 Z》（伦敦：劳伦斯·金出版社，2013年），戴安娜·弗里兰（Diana Vreeland），《D.V.》（城市：斯特林出版公司，2003年），格蕾丝·科丁顿（Grace Coddington），《格蕾丝：回忆录》（纽约：随机出版社出版集团，2013年），斯科特·舒曼（Scott Schuman），《近在咫尺》（伦敦：企鹅图书有限公司，2012年）。

时尚与风格：时尚大咖的深层思考

"风格和时尚的区别在于质量。"

——乔治·阿玛尼

"风格是无声的自我身份的解说。"

——瑞秋·佐伊（Rachel Zoe）

"发现自我者会追随潮流，而了解自我者会有自己的风格。"

——诺玛·卡玛利（Norma Kamali）

"时尚是可以买到的。一个人必须有风格。"

——埃德娜·伍尔曼·蔡斯 (Edna Woolman Chase)

"风格是个人的表达，潮流则是他人的集体表达。"

——布莱克·科威特哈拉（Blake Kuwahara）

"当他们把你赶出城时，你看起来更像是潮流的先锋，这就是时尚。"

——威廉·巴蒂（William Battie）

"风格是个性的耀眼呈现。"

——格伦·奥布赖恩 (Glenn O'Brien)

职业人士不应以"时尚"为荣。

鉴于这一法则，并考虑到律所或公司的保守性质，职业人士必须谨慎地对待这一问题。我的意思是说如果时尚能让你兴奋不已，何乐而不为呢；不过如果你过于张扬，也许就贻笑大方了。纨绔子弟、花花公子、讲究吃穿的"时髦的家伙"等，是律所里最受大家排斥、最招人嫉恨的人。[11]

这是个遗憾，因为，就我个人而言，我其实更喜欢那样的家伙，因为他努

力了，而且他非常在意自己的服饰（即使是太在意了），他梦想着去看 Pitti Uomo 时装秀并期待最新潮的时尚博主给他拍照。是的，比起那些根本不屑努力的蠢货，我更喜欢这个时髦的浪子。但也许因为大多数律所的大多数人根本不屑去尝试（改善自己的着装外表），顷刻之间那个"花花公子"就成了众矢之的。他对衣着的讲究则被视为肆无忌惮的梳妆表演。在他们看来，他太自私自利，甚至根据保守的企业文化标准，他可能是"蓄谋已久"的，以便使自己鹤立鸡群，因而尽管他勇于尝试，

人们仍然不会因为他的锐意进取而对他赞赏有加。

在我职业生涯早期，有一位同事名叫马格努斯，跟我同级，我们在同一个"兼并与重组"项目组。马格努斯身材高大、体格健壮，能流利地说几种外语，可谓一表人才，符合未来合伙人的条件，即他衣着适度，毫无出众之处。总之，马格努斯简直就是个完美的人，似乎注定是要高升的。我们在公司的发展可谓

----

11 霍莫·萨塞尔（Homo Sacer）（拉丁语是"神圣的人"或"被诅咒的人"）是罗马法中一个默默无闻的小人物。他可以被禁止，甚至被暴民杀死，但奇怪的是，他从不会在某些宗教仪式中被当作祭品。

一帆风顺，这期间他开始和一位女士约会，她是一家颇具影响力的女性时尚杂志的编辑。她年轻漂亮很有魅力，属于那种"狐狸精"[12]式的美女。而马格努斯要么是因为他运气好，要么是因为他英俊潇洒，或者两者兼而有之，事务所里的其他同事对他羡慕尤佳，其实一般情况下这也属正常。但是，随着他和这位美丽时尚达人关系的发展，他开始穿灰色，甚至蓝色的麂皮皮鞋上班了。虽说我无法确定鞋子的品牌，但这并不重要：因为这双鞋能让人想起猫王的一首歌。之后他开始打领结（领结的面料与当季时尚非常合拍，且佩戴专业，但是领结就是领结），并身着非常时尚、修身剪裁的西服套装。然而，在一个休闲的星期五，当他穿着 Gianni Versace 皮裤来上班的时候，我认为这是压垮他的最后一根稻草。真的，我向基督和道德委员会保证说的是实话。没错，当时是 20 世纪 90 年代了，但马格努斯的皮裤，还是有些超前了。这不是什么大事，但是，在保守派的喧嚣和鼓噪中，他出色的工作表现很快被人遗忘。他离职了，也许是为了追求更加时尚的生活，或者至少这是我一直认为的。在贸然展示自己超前的时尚品位之后，他在这家事务所就干不久了。

正如范思哲自己所说："不要陷入时尚潮流的漩涡中，不要让时尚左右你，要你来决定你要做什么，你来决定通过何种装束和生活方式来表达你想要表达的东西。"

相对于事务所之外的
职业男士的着装之道

并非所有的职业人士都与对方律师处于敌对状态。但是对于那些难与对手和平相处的人来说，我的忠告是穿着要比你的对手更好。因为还没等对方开口，你已经先声夺人了。请注意，关于这一问题的法则如下：

12　别怪我坚持使用这个 20 世纪 70 年代的俚语。当然，狐狸的字面意思是一种小而聪明，但野性难驯的动物，而英国英语的词源则是"狐毒症"，意思是年轻而有魅力的。

```
┌─────────────────────────────────────┐
│                                     │
│              法则 9                  │
│          ─────────────              │
│                                     │
│   职业人士应比他的专业对手穿得更好。      │
│                                     │
└─────────────────────────────────────┘
```

当然，众所周知，术语及其定义很重要。因此，请注意，在此上下文中，所谓"更好"并不一定意味着更正式或更显富，但这确实意味着在符合职业人士着装的基本法则的前提下你要更有格调。

在一个炎热的初夏，我在洛杉矶参加了一次调解活动。本次调解活动的组织者是 JAMS[13]，该调解机构位于市中心的一座高耸的玻璃塔楼内。一排接一排的调解室和各种小隔断，隔断之间还有塞满了各种咖啡饮品以及零食的小厨房，属于那种高级金融公司茶水间的布置。与诉诸法庭不一样，调解没有一丝的不舒服感，当然调解的代价有时会高于诉讼，但通常情况下，解决争端的时间会更短。无论如何，客户都是由业务娴熟、穿着有格调的律师代理的。那天的代理是一位叫马克·斯威夫特（Mark Swift）的初级合伙人。他机智敏捷、彬彬有礼，穿着浅灰的 Oxxford 细条纹西服，系着深蓝色的 Charvet 领带，在调解员的房间里坐着，脚下是一双 Allen Edmonds 品牌的棕色布洛克翼尖皮鞋。

┌───┐
│   │
│   品牌须知   │
│   ─────────   │
│   │
│ Oxxford:1916 年成立于芝加哥，以做工精细、剪裁精准而闻名，自成立伊始，   │
│ 不断延续自己的伟大传统，其主打品牌 Oxxford 西服做工精细，注重细节设计。 │
│ 公司缝制的服装质量出众，衣料剪裁均由手工完成，条纹的接缝匹配相当完   │
│ 美，每个纽扣孔眼都由手工缝制，缝制出一套剪裁精美的西服可谓耗时费力。   │
│   │
└───┘

----

13 JAMS 是一家总部设在美国、以营利为目的的替代性纠纷解决机构，其服务内容包括调解和仲裁。

Oxxford 西服使用最好的面料，由技艺高超的裁缝使用最为传统的技术缝制。Oxxford 西服只能在其美国的专卖店买到，公司在芝加哥设有展厅，旗舰店设在纽约。

Charvet：一家法国高档衬衣生产商和定制公司，生产定制和成衣版的男式衬衣、领带和西服，产品在国际高端市场上销售。自 1838 年创立以来，该品牌推出了一系列品质优良、色彩和款式俱佳的产品，赢得好评，受到欧洲皇室和各国名流的青睐。该品牌具备为其精英客户群体提供订购或定制任何产品的能力。Charvet 领带全部采用手工制作，以精美的丝绸原料为特色，其专用的图案与颜色也为其增色不少。

Allen Edmonds：诞生于 1922 年，坚持手工制作，几十年来保持了它的质量和做工传统，即使用同样的 212 道制作工序，以及固特异法（Goodyear Welted）缝制它的主线产品，制作过程耗时费力，这一点从它们精湛的工艺、漂亮的款式和耐用性上可见一斑。真皮材质，柔软透气，舒适度极高。Allen Edmonds 的皮鞋也因对尺码合适度的特别关注而独树一帜，公司提供 100 种尺码，即从鞋身较窄的 AAA 到较宽的 EEE。Allen Edmonds 主要以服装和休闲鞋闻名遐迩。其业务拓展至其他种类的皮革制品生产，其中包括公文包、皮带及皮革手袋等。

他的对面是几位出类拔萃的原告律师，他们希望在提出索赔或认定上诉群体之前就把一桩潜在的集体诉讼案件调解了。这些律师在公共汽车站的长椅上和中午的电视节目上为他们的服务做广告。[14] 尽管没有客户出席，但原告律师的

14　律师广告实际上是一件很受监管的事情，然而一旦有人搜索"我的脖子疼"或"我是个没有报酬的实习生"之类的关键语句后，任何监管措施都不能阻止此类辩护律师大肆推出各种广告，其中包括张贴广告、广播电视广告和基于网络的弹幕广告。

印象似乎是，"主—宾倒置的特定情形"已经完全生效。他们来自不同的公司，如果其中一家拿到了调解赔偿金，他们就会按照事先的安排分享赔偿金，但是在如何着装的问题上他们似乎没有任何安排。年轻的那个看起来像一个童子军乐队成员，穿着黑色西服，白色衬衣虽说合身，但是没系领带，再加上那种非常扎眼的超短"锅盖"发型，显得非常不专业。如果他不是那么矮小的话，真的可以去夜总会当保镖了。他的同事，我们会叫他拉尔夫·贝克汉姆（Ralph Beckham），穿着一套浅棕色斜纹西服，还是那种配色奇怪的大格纹。再看他的配饰就更糟了：粉红色丝绸领带和折叠整齐的丝绸口袋巾搭配得"不错"，在色调和纹理上的搭配可称得上是天衣无缝了。它们是用同样的面料做的。领带上还别着一个很酷的领带夹。他的靴子被藏在了长长的裤脚下，虽说他的鞋跟很高，但几乎很难被看到。

调解员主持的第一次会议开始后，原告律师们便扯开嗓门大声"控诉"起来。他们的抗辩很像肥皂剧中人物的激情表达，有人站起来讲，还有人激动地挥舞双臂。有些人非常不入流，甚至对马克的客户发表的评论都显得那么不合时宜。当马克向调解人抗议这一番狂轰滥炸之时，拉尔夫却带着一种傲慢的神态打断了他的抗议，让马克不要激动，并说他不想得罪马克。马克冷冷地回答说，拉尔夫的话没让他觉得冒犯，倒是他那领带和口袋巾的怪异组合让他感到非常不适。拉尔夫矮小的同事没有反驳，他可能非常同意马克的说法。事实上，拉尔夫已无法再次兴风作浪。他沮丧地低下头看着自己的奇装异服，在那天剩下的时间里他更是被吓得魂飞魄散了。

牢记那句罗马法格言："不知法律不免责。"

风格法则：写给职场男士的终极着装指南 —— 3 职业人士着装要向老板看齐

4

漫不经心和违规

"一个人必须 sprezzatura（潇洒）地面对这个世界。

这个词的字面意思是超脱，

但是比超脱更好的方式是把它看作深沉的自信或低调的风格。

最有力的呈现就是轻描淡写。"

——卢西亚诺·巴贝拉（Luciano Barbera）[1]

遵守法则——启发与探索

你还好吗？如此多的规矩，你的头是不是都变大了？感觉是不是有压迫感？感受到这些规则对你的限制了吧？我希望不会。作为职业人士，我们是有教养的，并认识到一个秩序井然的社会价值所在，所谓"不以规矩，不能成方圆"。难道有人想过要攻击或威胁他人吗？或者偷别人的东西？做证券诈骗？完全不可能吧。哎呀，我希望绝非如此啊。

1　Luciano Barbera 品牌的拥有者，也是一位面料生产厂商，为高档品牌服装设计师，以及 Ralph Lauren 和 Armani 等提供面料。巴贝拉本人也是个品位高雅之人，并因他的时尚风格而受到众多粉丝的膜拜。

由于天性保守，外加不断受到时间限制的驱使，当某段条文被强制作为一种规则或法则时，经过大脑快速地分析，我们发现遵守它是明智的（或者说作为职业人士，处于人生的这一阶段，我们认为与之对抗是没有意义的），因而我们通常采用它，这种启发手段让我们腾出精神空间来处理其他问题，通常是与客户有关的问题。[2] 当然，这种认知捷径还是有很多好处的。

在大多数与这些法则有关的情况下，这种默认应该能够助你一臂之力。但是遵守上述法则，能让你锦衣华服，为你的事业做好准备。因此，建议继续阅读本书，消化其精髓，理解并应用它们。不过，一旦你大功告成，穿着整齐后，就不要过分强调这些法则了。萨维尔街同名品牌的创始人哈迪·埃米斯爵士（Sir Hardy Amies）曾经说过："职业人士应该看上去好像是用心买了衣服，小心地穿上，然后再把它们忘得一干二净。"根据这位著名时尚大咖的话，形成了这样一条法则：

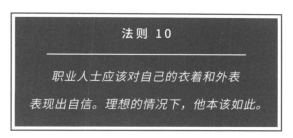

法则 10

职业人士应该对自己的衣着和外表
表现出自信。理想的情况下，他本该如此。

我不是说随意放松或者轻浮。但是老实说，如果你已经尽了最大努力，那么你就应该昂首阔步，对自己的着装选择充满信心。相信我，你会卓尔不群的。

这是一个典型的上午，喝完咖啡、遛完狗、沐浴之后，我就要决定当天穿什么衣服。比方说，我早上要和设计师见面，中午在普林斯顿俱乐部吃午饭，下午参加合伙人会议，之后，我可能会和格里尼治村里的客户小酌一杯。所以

---

2 启发式技巧是一种解决问题、学习或发现问题的方法，它所采用的实际方法并不一定是最优或最完美的，而是足以实现眼前的目标。在不可能找到最优解决方案或寻找最优解决方案不实际的情况下，可以使用启发式方法来加快寻找满意答案的过程。

我知道当天我去见谁，天气如何，晚上我要去哪里，我可能会穿一套深蓝色的 Rag & Bone 西服，再配一件白色的正装衬衣。领带嘛，Orley 彩色条纹针织领带看起来不错。此外，我会选择一条简单的白色口袋巾，或许会选一条彩色的，其色彩与我的 Hook & Albert 袜子颜色相同，并与我的领带上的其中一种颜色是同色系的。最后则是穿一双 Noah Waxman 的单扣绒面皮（通常也被称为麂皮）僧侣鞋，好了，一切就绪，我该上路了。

品牌须知

Rag & Bone: 英国的两位友人大卫·内维尔和马库斯·温赖特于纽约创立，后将其发展成为全球品牌。Rag & Bone 以生产牛仔与男装起家，男装产品包括量身定做的服装、针织物、衬衣和配饰，以及鞋类。它把经典的英国裁缝技艺与纽约的美学概念完美地结合在一起，品质优良、制造技艺出众和关注细节都能引起消费者的共鸣，并传达品牌的核心理念。信息披露：我是 Rag & Bone 的首席法律顾问，HBA 事务所自 2005 起成为它的法务代理。我喜欢 Rag & Bone 的西服、针织衫和外套。

Orley: 该品牌以其意大利制造的针织品而闻名，提供全套男式成衣系列。Orley 结合了优雅的面料和年轻朝气的设计，主线产品是豪华针织品，其设计师的作品颠覆了古典主义的缝制技巧，利用特色的缝纫技术和专属的色调创造了一个独特的产品。信息披露：HBA 事务所是它的法务代理。

Hook & Albert: 该品牌旨在成为所有男性钟爱的配饰品牌，创始人是两位朋友，他们试图在男士袜子、箱包、腰带、围巾和其他穿戴产品中融入舒适、情趣和功能等特征。其所出售的正装袜子完美地融合了色彩和印花，但其颜色从不抢眼突兀，为男性日常礼服增添了一点兴奋感。该品牌其他配饰的价

格适中，在不牺牲职业人士的日常正装功能和耐用性的同时，为其增添几分格调。

Noah Waxman：成立于 2013 年，Noah Waxman 的产品系列结合了诺亚·瓦克斯曼先生对纯美国风格的热爱和他所接受的经典欧洲的制鞋训练。其主线产品包含各种式样的休闲和正式款的鞋子，为城市精英分子注入了丰富的时尚个性。信息披露：我们事务所是该公司的法务代表，我个人拥有多双 Noah Waxman 品牌的鞋子。他们的办公室离我们在纽约市服装产业区的办公室只有一步之遥。我经常去他们的展厅看新品。

我不会回首往事。我不是在质疑我的选择，也不是大白天自我修正或自我纠错。我昂起头，自信地走上街头。

> "我身材高大，占据了整条街道，来自天空的阳光照耀着我的脊背；我
> 是大鹏展翅，我是欢庆的节日，我是游行的队伍。"
>
> ——*The National* 乐队[3]

经常偷着照镜子、捋头发、"描"眉毛、摆弄领带，没有什么比这更令人作呕的了。请尽量避免这种自我陶醉的行为，如果你怀疑自己的仪表有问题，那么请找个隐蔽处，自己独自纠正着装上的小问题，如衣帽穿戴是否合适，脸上或者头发上的小瑕疵。轻微的凌乱是可以容忍的，在某些情况下，甚至是应该鼓励的。这让你看起来很真实，虽然看上

3　The National 乐队，《所有的葡萄酒》(*All the Wine*)，出自专辑《樱桃树》(*Cherry Tree*) (Brassland 唱片公司，2004 年)。

去你不太在意外表，但其实你很有定力、内心强大。[4] 它表明了这样一个事实：你确实在工作，弄脏了自己的手等。不趾高气扬，别做傻瓜，但也不要过分拘谨。一旦你相对自信，认为自己穿着得体，那将是一种令人惊艳的感觉。你不会因为自己外表的小小疏忽而汗颜，总之，这种自信会进一步提升你的颜值，形成一个正面反馈的循环。正如拉尔夫·沃尔多·爱默生（Ralph Waldo Emerson）[5] 所言："穿着得体会给人带来一种宁静感，那是宗教无法给予的。"真是超凡脱俗！这真是一个绝佳的禅修状态，它能让你专注于当下，即能够让你选择了"看上去很棒"这个选项后而感到欣慰和自足。

在法律中寻找自由

> "法律的目的不是废除或限制自由，而是维护和扩大自由。因为上帝造物并赋予其立法的能力，在此状态下，没有法律，就没有自由。"
>
> ——约翰·洛克（John Locke）[6]

好吧，现在我们已经了解了上述法则，但是在全面了解它们在服装款式和服装产品中的应用之前，我们需要指出的是，遵守规则的理想目标不是盲从，而是一种可接受的自我实现形式。我所希望的是你不仅能够穿着得体，因为它有助于你的事业，而且我还希望你具备一定的独特性，即属于你自己的某种特质，也就是说别人（包括客户、老板、同事和朋友）所不具备的那种特质，因为在最好的情况下它能为你赢得尊重，即使是在最坏的情况下也不过是受到嫉妒但没有怨恨。正如可可·香奈儿（Coco Chanel）所说："要想成为不可替代的人，

4　这实际上就是所谓内敛的本质，是一种防御性的讽刺：看上去似乎不关心自己的外表，因为一旦你关注自己的仪表，可能你就会因此变得更加仪表堂堂。

5　19 世纪美国作家，超验主义运动领袖。他以关于个性、自由、灵魂与人类社会之间的关系的哲学著述而闻名于世。

6　约翰·洛克被称为自由主义之父，他是 17 世纪英国哲学家，也是最著名的启蒙运动思想家之一。他的学说对欧美政治哲学产生过重要影响，对美国《独立宣言》的起草也有显著影响。

就必须始终与众不同。"因此，虽然它可能看起来与此处所阐述的其余内容自相矛盾，但是我们要的就是与众不同！

　　然而，即使在清楚法律规定的所有限制之后，这种通过着装达到自我实现的雄心壮志看上去也像是一项艰巨的任务。但是，让我向你保证，要完成这项艰巨的任务还是有一些可以接受的奇思妙想和更广泛的服装选择的，它们既可以让你表达自己，也可以使你看上去非常棒。从某种意义上说，风格实际上仅仅是理解规则，而打破规则足以让你大显英雄本色。因此，如果你读了这本书，就不由自主地改穿 A.P.C. 的高端运动鞋或 Lanvin 的运动外套，并且自信能在规则允许的范围内从容不迫，那你就强大无比了，我亲爱的朋友。

品牌须知

A.P.C.：法国成衣品牌，设计师让·图图（Jean Touitou）于 1987 年创立。A.P.C. 三个字母代表"制作与创意画室"。该品牌以其创新设计而闻名，其中包括一些非常受客户青睐的高端运动鞋。生产的服装线条明朗、图案简洁清爽。受军服极简主义的影响，其品牌标志不外露，相对低调。

Lanvin：珍妮·浪凡（Jeanne Lanvin）于 1889 年创立的一家法国跨国高级时装公司。该品牌的男装业务自 2005 年以来一直由卢卡斯·奥森德里弗（Lucas Ossendrijver）负责。他在 2006 秋冬系列里推出了第一款 Lanvin 高档城市运动鞋，这个系列运动鞋带有标志性的漆皮鞋头，该系列至今依旧畅销。

　　包括我在内的所有人，都会很容易地将自己觉得好看的东西贴上标签，它们要么好看，要么难看，要么丑陋。但有一点绝对没有人能质疑：你的审美判断力是独一无二的。请永远记住这一点。

　　所以要了解这些法则，了解了这些法则你就会自觉遵守这些法则，从而受益。

但是了解这些法则不是终极目标，还意味着可以打破那些你不以为然，或者与你的审美取向不符的法则。

听着，我的兄弟们：关心自己的衣着源于人类最初的冲动，以及一个非常自然和健康的心态：自尊。我不认为这是自恋、自负或虚荣。因为它更多的是把人生理念与美学经验应用到自己身上，这既是一项崇高的工程，也是毕生的追求。着装是自我表达的一种形式，通过这种表达，告诉人们关于你的真实身份。我想让你拥有自己的着装方式，最重要的是，通过这种着装方式表达自己，感觉真实的自我。甚至（如果你已渐入佳境，我希望你是能够做到的）探索其他领域的真实自我表达。为此，我真诚地希望你的着装能够成为你内在优雅的外在表现。

在接下来的章节中，我们将讨论为实现这一目标的所有"工具"。那我们开始吧。

还是那句著名的罗马法格言："不知法律不免责。"

5

从脚到头：鞋子

"要想锦衣华服却脚穿廉价鞋子，那是完全不可能的。"

——哈迪·埃米斯[1]

我们选择服装的审美取向是依据固有的主观判断，但是服装的制作工艺却是客观的现实。最明显的莫过于鞋子，鞋子是你衣柜里最容易找到的配饰，但也是容易经常出错的配饰。在这一章节里，我们将探讨哪种鞋子最为适合，以及正装鞋的款式，因为商务休闲鞋（非正装鞋）的大行其道，现如今已经成为我们大家都必须面对的现实了。

沉迷于鞋子

大多数与职业男性同时代的女性都非常喜欢鞋子。[2] 大多数男性只是容忍她

1　英国著名时装设计师，1952 年至 1989 年，因担任女王伊丽莎白二世的官方裁缝而闻名。卸任后，埃米斯还创建了自己的时尚品牌 Hardy。

2　当然，许多其他类型的女性也是如此。玛丽莲·梦露有句名言："给她一双合适的鞋子，一个女孩就能征服世界。"

们。考虑到鞋子的固有功能及其可替代性，我觉得男人对鞋子的冷漠是很奇怪的。其实，与女性一样，男性也应该拥有同样的强迫症，甚至是强烈的冲动，即渴望拥有真正漂亮的鞋子。女鞋设计师克里斯提·鲁布托（Christian Louboutin）说得相当精辟："我认为漂亮的鞋子就像美酒，因为鞋子是可以终生享用的。"或者更准确地说（用很多男人都能听懂的话来说），一双漂亮的鞋子就像一辆令人心仪的小汽车。它们是一种投资，会带你畅游时尚空间并给你带来心灵的安慰。

男人对鞋子的冷漠似乎正在改变。随着运动鞋市场在过去几十年中的巨大增长，以及"设计师—休闲"运动鞋的出现，所谓"鞋头"（Sneakerheads，对运动鞋痴迷的人）的特殊用户也随之增长。这些"鞋头"中的许多人其实都是职业人士，他们也会去 Flight Club 或 Union LA 这样的球鞋店铺排队购买鞋子，他们对自己的鞋子的迷恋甚至已经超过许多女性对高跟鞋的迷恋。先生们，大多数时候我们都不允许穿运动鞋，甚至不建议穿运动鞋。但是对鞋子的这种新的兴趣取向是朝着正确方向迈出的一步（即使这是跨界的一步）。

鞋的历史与制作

考虑到鞋子的功能特性，我们很少有人真正理解鞋子是如何制造的，以及在这个过程中花费了多少时间、精力和工艺，这也许是令人惊讶的。对于职业人士来说，这有点讽刺，因为实话实说我们的许多客户也不了解我们提供的服务是什么。

许多人认为，职业人士的所作所为都是暗箱操作：会计尽职调查实为必要的罪恶，编纂繁缛的法律规则以故弄玄虚，或为拯救市场而进行金融操纵。许多人把我们事务所看作那种可怕的"监控他人的"奥威尔式镇压机器，他们宁愿不与之打交道。当然，客户会认识到大多数专业服务的功能和客观结果，但往往无法欣赏为出色完成这份工作我们展示的高度专业性。比如，一份精心打造的许可协议，即一份从草稿到完全可接受的许可协议；或一项并购交易中的

The Laws of Style: Sartorial Excellence for the Professional Gentleman

收益条款，因为该条款是经过缜密协商并最终为双方提供了都可以接受的税收优惠，而不仅仅是在购买价格谈判成功之后提供定期支付那么简单。对于职业人士来说，这些都是倾心、倾力之作，因为我们懂得这样一个道理，即魔鬼存在于细节之中。同样，做工精细的鞋子也是如此。

鞋子的制作

————————

鞋子的制作现在主要是通过机器完成的，但直到 19 世纪末，英国的大多数正装鞋仍然是手工制作的。现如今人们仍然可以找到手工制作的鞋子，但它们的价格奇贵，除了成功的职业人士外，一般人根本买不起。用于制作鞋子的皮革是非常重要的原料，通常情况下是用牛皮，但也可以是马皮、猪皮、鹿皮和羚羊皮，以及某些爬行动物的皮，甚至是鸵鸟皮。[3]正装鞋是依照模仿人类脚型的鞋楦制成的。它的第一个制作步骤是先把鞋的内底剪切或冲压出来，然后再把它固定到鞋楦上，接下来是把剪裁成窄条的皮革材料粘在鞋底上，或者剪出一部分皮革粘在鞋底周围，这个叫作鞋底缘。鞋底缘是鞋底的一部分，它把鞋底和鞋面连接起来，这就需要通过手工缝制了，但是在缝制之前，必须先在皮料上打出针孔，通过缝制就可以把鞋面与鞋底牢固地缝成一体。这是一个耗时费力的过程。此外，制作鞋面的皮料必须从原料上直接剪裁下来，其中任何组件，如布洛克装饰[4]或背针接缝等工艺，都必须准备到位。鞋面的用料要覆盖鞋楦，皮料在这个过程中会被拉长。然后将鞋底、贴口和鞋面牢固地缝合在一起。鞋后跟部分会被钉到鞋楦上。在鞋中底和大底中间填充软木

---

3 鹿皮和羚羊皮，以及猪皮（如野猪皮等），会被用于制作一些更好的意大利休闲鞋。但是职业人士应该尽量避免穿着用爬行动物的皮和鸟皮制作的鞋子，因为它们奇特的外观设计和高昂的价格，使大部分用此类原料制成的鞋子都显得华而不实。

4 布洛克不是指 20 世纪 80 年代那支令人难忘的舞曲，也不是指兄弟会男生们的行酒游戏，而是苏格兰人在正装鞋上添加的一种装饰。

和树脂，鞋底会重新塑形，与人的足底形状一致，成为一副与人脚型相符的鞋底。整个鞋底的外部就可以缝到大底上了。下面就是做鞋跟了，鞋跟处经常会填充几层支撑物（通常是四或五层），材料基本上都是皮革，但是倒数第二层通常是用橡胶做的，主要是为了防止磨损。

早上穿鞋之前，请先看看自己的皮鞋。如果是一双制作工艺精湛的好鞋，你一定会看到以上工艺流程的痕迹。那么，你的这双皮鞋就一定是匠心之作，也必定是一件值得欣赏的美物。鞋子（作为艺术品）的价值经常被低估，如同作为职业人士，你取得的一些成就原本比较出众，但是由于较少公之于众，或较少被人理解，因而会不招人待见。在此我呼吁：善待自己的鞋子，像个男人一样，尊重你的足下之"履"[5]。

正装鞋：形式、功能和风格

你可能听说过，判断一个人是否穿着得体的最好方法不是看他的衣服，而是看他的鞋子。[6] 在大多数关于绅士着装的传统书籍中，这句话几乎是一句名言警句了。[7] 我不同意这个观点，这一点以后你会知道的。[8] 我相信着装的所有组成部分都是重要的，其重要性也是相对的。但是，毫无疑问，鞋子是你衣橱的基本组成部分。它们对你的着装舒适度也是至关重要的。好鞋能带你走四方，应该善待自己的鞋子。

5　四季乐队（Four Seasons），《走得像个男人》（*Walk Like a Man*），出自专辑《大女孩不哭与十二人》（*Big Girs Don't Cry and Twelve Others*）（VeeJay 唱片公司，1963）。

6　以鞋子判断人品的依据数不胜数。的确，唐娜·索齐奥（Donna Sozio）在这方面可谓颇有建树，她是"约会专家"和"鞋类鉴赏大师"，在那部开创性作品，即《永远不要相信一个脚穿鳄鱼皮休闲鞋的男人》一书中，她将这两个话题完美地结合起来。（纽约：Kensington 出版公司，2007 年）。据称，该书帮助女性通过男性的鞋子来判断男性是否值得交往。

7　这些大部头专著中的一个非常令人肃然起敬的术语，但似乎要求配得上这个称呼的人要么是有田有地的富贵阶层，要么是贵族阶层的一部分。

8　恕我直言，我认为判断一个人是否穿着得体的最好方法是看看他衣柜里的全部，而不仅仅是他的鞋子。依靠一双华丽的鞋子是不可能掩盖着装环节的其他失误的。

对于职业人士来说，有几种传统款式的正装鞋值得推荐。

牛津鞋（Oxfords）

牛津鞋[9]又叫巴尔莫勒尔（Balmorals）[10]鞋，这种制作形式简洁流畅的鞋带皮鞋雅致时髦，而且非常适合正式场合。一般来说，男士应该同时拥有两双牛津鞋，一双黑色，另一双棕色。封闭式鞋带部分是指位于每只鞋鞋面上的两侧，也叫鞋帮，鞋帮被鞋带紧扣在一起，而这部分鞋帮与鞋的中底部分缝在一起。鞋舌也被缝在鞋面下，位于鞋带下面。这种极其简约的制作形式使带有鞋带的皮鞋更适合盛装出行，甚至有一定的松紧大小调节功能。但是，请不要认为这意味着牛津鞋只能在正式场合穿。当然，就颜色而言，黑色意味着最为正式，但光泽以及简洁的鞋身线条等，使牛津鞋可以在任何场合穿。棕色或绒面皮制作的牛津鞋适合休闲场合穿着，看上去也很出彩。

与其他类型的鞋子一样，牛津鞋也有各种不同的细分品种，这取决于它的装饰，鞋面打孔细节（如布洛克花纹）。[11]设计最为简单纯朴当属无缝版牛津鞋

9　牛津鞋起源于一种名为"奥克斯奥尼亚"的高帮鞋，1800 年曾经在牛津大学非常流行。

10　巴尔莫勒尔的名字来源于苏格兰阿伯丁郡皇家迪塞德的巴尔莫勒尔城堡，它是英国皇室的行宫之一。

11　应该注意的是，粗革花头皮鞋起源于苏格兰高地地区（据说经过长时间的徒步旅行之后，水可以从那些位于鞋头的钉孔中流出来），而作为一种纯粹的时尚，它首先被用于女鞋上。

（Plain Oxford）。它用一整块皮料制作，鞋面无接缝（我想不出任何例外，每双鞋子都应是量身定制的），代表了鞋子优雅的制作工艺。所谓无缝，顾名思义，即整双鞋子的缝制节点没有任何接缝。[12] 三节头牛津鞋（Cap toe Oxford）可以降低鞋子的正式程度，但仅仅是稍微降低一点，它仍然可以当作商务鞋穿，因为它看上去简约大气，尽管鞋尖略显突出、惹眼。

黑色三节头或无缝版牛津鞋是你应该购买的第一双正装鞋，它们是职业人士的标配。在很多场合下，职业人士都应该穿牛津皮鞋。在此我郑重声明，每一位职业人士必须拥有五双正装皮鞋，而牛津鞋应该是其中的第一双。

下面，我们继续了解系鞋带的皮鞋，这些带有鞋带的正装鞋或多或少带有镂空雕花装饰，这种装饰越多，就显得越不正式，同样就越不上档次，甚至土里土气的。因此，系鞋带的半雕花布洛克鞋（half Brogue）仍然是正装鞋，即使是全雕花布洛克鞋（full Brogue）也是适合商务场合的（但如果是去参加正式商务活动最好还是不要穿吧）。全雕花布洛克鞋的特点是在鞋头处有一个典型的曲线顶帽设计，被称为"翼尖"。有些翼尖——叫作"长翼尖"——翼展线甚至延伸到鞋的后跟。一般来说，大多数襟片封闭的皮鞋都有十个左右的鞋带孔。

皮革的颜色和质地也决定了皮鞋的正式程度，从最正式的黑色皮鞋到最休闲的浅棕色皮鞋不等。（当然，在这里我们暂时把那些人们中意的其他颜色的鞋子，包括白色、蓝色、红色或其他颜色的款式排除了。）此外，如果制鞋的皮料质地越柔软，那么鞋子的正式程度就越低，在所有的皮料中黑漆皮是最为正式的，而绒面皮是最不正式的。

The Laws of Style: Sartorial Excellence for the Professional Gentleman

----

12　这些款式会使用更多的皮料，更不用说制作过程中所需的工匠精神。普通牛津鞋的制作也可以使用整张的皮料，其特点是在鞋后跟的收口处只有一条可见的链接缝隙。质量较差的牛津鞋也会有明显的接缝，但仍然可以看作是正装鞋。

品牌须知

————

Lottusse: 1877 年成立于西班牙的一家专业手工制鞋工厂，主要以固特异工艺生产鞋子。每只鞋的生产要经过 120 个步骤的生产流程，每双成品鞋要经过 60 多位制鞋工匠之手才得以完成。Lottusse 的用料十分讲究，对皮革的要求很高。高品质一直是其企业生产理念的基石。

Tricker's: 英国制鞋业的百年老店之一，成立于 1829 年，经典 Country Boots 制造商，卓越的声誉使其成为地产所有者和乡绅的必入品。Tricker's 的靴子和鞋子以舒适和高品质而闻名，始终如一的质量标准为其建立了良好的声誉。品牌无可挑剔的特色体现在其皮鞋产品中。

Grenson: 1866 年成立于英国制鞋业中心北安普顿地区，这是世界上第一家采用固特异工艺制鞋的企业。固特异工艺已成为所有制作技艺精良的英国皮鞋的标志。Grenson 鞋按价格档次可分为四类：G: Lab（定制级别），G:Zero，G:One，以及 G:Two。前三个价位的鞋子全部在 Grenson 工厂生产，三个级别的差别在于用料以及制成品修正。生产 G:Two 级别的鞋厂已转移到印度。

布鲁彻尔鞋（鞋面连舌鞋）（Bluchers）

布鲁彻尔鞋 [13] 和德比鞋 [14] 是指那种襟片开放的皮鞋，其两侧的鞋帮被鞋带紧

13　布鲁彻尔这个名字来自普鲁士陆军元帅布鲁彻尔，他和英国爱尔兰惠灵顿公爵一起，在滑铁卢击败了拿破仑。据说布鲁彻尔元帅的士兵都穿开敞的鞋带靴，因此得名。而对于惠灵顿来说，至少也有以他的名字命名的美味牛肉大餐。

14　德比这个名字很可能是指生活在 19 世纪末的英国德比伯爵。据说，这位性情古怪的伯爵身宽体胖，甚至还可能患有痛风病，因此每天穿鞋成了一件难事。于是一位善解人意的鞋匠为他准备了一双容易穿上、鞋带容易系上的鞋子，由此襟片开放式的鞋子就这样产生了。

扣，鞋帮与鞋的其他部分缝在一起。所以，鞋舌不是在鞋带下面，而是直接来自鞋面上的，所谓鞋面是指覆盖脚趾和脚背的那个部分。襟片开放的皮鞋之所以出现，是因为它们更容易穿，鞋带更容易系。正如你可能猜到的，它们也不那么正式。一个品位好、自尊自重的职业人士应该备有多双布鲁彻尔鞋，鞋的颜色也应该多样化，即从黑色到棕色，应该应有尽有。尽管开襟鞋与合襟鞋（封闭式皮鞋）是个人的选择，但是从皮鞋的正装程度来看，大家衣橱里的皮鞋种类还应该是多元化的。作为一种个人偏好，我更倾向于那些带花纹的棕色和棕褐色的鞋子拥有开放式的鞋襟，因为这似乎更加符合它们的乡村休闲本质，而不适合作为都市正装的特质。

布鲁彻尔鞋和德比鞋之间的区别是，德比鞋的鞋带实际上连接了两片鞋帮的各个缝制节点（想象一下，鞋帮从鞋带处向后延伸），而布鲁彻尔鞋的鞋带则只连接鞋面上的两个襟翼，襟翼不像鞋帮的各个缝制节点那样向后延伸（德比鞋的襟翼与侧鞋帮是一体的，布鲁彻尔鞋则不是一体的，有缝接）。这实际上是一个相当明显的差别，但许多人仍然认为所有开放式鞋襟鞋，要么是布鲁彻尔鞋，要么是德比鞋。千万不要跟他们学，因为这样理解是错误的，职业人士应该尽可能避免犯错。

品牌须知

Alfred Sargent: Alfred Sargent 仍然是家族企业，1899 年在英格兰北安普敦郡由现任业主保罗（Paul）和安德鲁·萨金特（Andrew Sargent）的曾祖父创立。它采用了固特异工艺，并使用了优质皮革进行制作。属于精致绅士风格，性价比超好。

Meermin: 西班牙马略卡的一个著名鞋匠家族第四代成员于 2001 年成立。它以合理的价格生产高档固特异工艺皮鞋，产品只通过自己的零售店或官方网站从工厂发货，以直销方式卖给终端客户，这种销售方式使这家使用优质皮料、生产高档皮鞋的制鞋厂名扬世界。*Rico suave.*[15]

Bowtie: 另一个西班牙制鞋厂商。Bowtie 有三条产品线（系列）。其"休闲"系列的特点是贴合结构（cemented construction），"固特异经典"系列采用固特异工艺，而"高端黄金"系列则采用手工缝制工艺。他们的另一个价值主张是坚持使用优质皮料，为传统的职业人士量身定制。Carmina 是另一个值得推荐的西班牙品牌。

与封闭式鞋襻鞋的款式相比，开放式鞋襻鞋在风格上的另一个区别是，有些款式的鞋子只有六个甚至四个扣眼。这可以给穿鞋者提供所喜欢的视觉效果（特别是对那些脚比较小的男性来说），鞋头的延长部分可以给人脚大的印象。此外，开放式鞋襻鞋比传统的十个扣眼鞋更加休闲帅气。当然，开放式鞋襻鞋有的有节头（cap toes），有的没有节头，以及多多少少地带有镂空雕花，或者没有。关于正式与否，同样的规则也适用，意思是：

1. 鞋面上的额外装饰越多，鞋子就越不正式，经典的布鲁彻尔系带鞋和德比鞋最正式，而最不正式的当属带有布洛克全雕花装饰的布鲁彻尔鞋或德比鞋。

2. 鞋子的颜色越暗，就越正式，黑色是最正式的，白色和奶油色是最不正式的（至少在正式的商务场合中如此）。

3. 皮料质感越柔软，鞋子就越不正式，黑漆皮是最正式的，而绒面皮是最不正式的。

乐福鞋（Loafers）

"乐福"是指并不是公司可以委以重任之人，更重要的是他们似乎总能避重

---

15 美籍爱瓜多尔饶舌歌手吉拉尔多（Gerardo）的一首单曲《温柔帅男》（*Rico Suave*），后被收录在专辑《节奏》（*Mo'Ritmo*，Interscope 唱片公司出品，1991）

就轻，从来不参与短期而且压力很大的项目。同理，"乐福鞋"就是指那些"优哉游哉"，甚至没有鞋带的鞋子，其实乐福鞋就是那种一脚蹬，而且是更加休闲、更加非正式的鞋子。这种鞋的鞋帮低，穿在脚上露着脚踝，鞋后跟也很低。

如同衍生品市场、资本资产定价模型以及萨班斯—奥克斯利法案（Sarbanes-Oxley Act）一样，将乐福鞋作为商务着装的正装鞋是美国独特的时尚发明。我知道了！正如乔治·巴顿（George Patton）所说："永远不要告诉人们如何做事。告诉他们该怎么做，他们的聪明才智会让你大吃一惊。"乐福鞋的设计理念本身与美洲土著的软皮平底鞋有关，创新之处在于将这种休闲设计与鞋跟、鞋底和缝边工艺要素等结合起来，并使之成为正装鞋。[16]

经典的 Bass Weejun 乐福鞋出现于 20 世纪 30 年代，这种不系带、脚背上有"马鞍"（减轻皮革扩张的带子）的乐福鞋很快成为美国当时标志性的休闲鞋。[17] "便士"（Penny）乐福鞋的名字来源于 20 世纪 50 年代常春藤院校，深受当时"藤校学生"的喜爱，人们喜欢在乐福鞋的鞋鞍（脚背上的一根横条）的钻石形切口上嵌入 1 便士。[18] 改在当下，大多数职业人士一定会选择用比特币来装饰那个切口，也就是说，在那个鞋鞍上的切口上我们不喜欢用任何装饰物。我们已经不再是大学生了，因此在任何情况下，特别是在正式的商务场合，无论何种"便士"乐福鞋都是很不合时宜的。虽然传统的"便士"乐福鞋是红棕色的，但它的颜色还是很多样的，从黑色到棕色应有尽有。柔亮的皮革适合与深色的西服相搭配。

另一款常见的乐福鞋是流苏风格的 Tassel 乐福鞋，据说它起源于船鞋的系带结构，比如我们经常看到水手斯派利设计的"帆船鞋"（Sperry Top-Sider）。

16　虽然与美洲土著人穿的软皮平底鞋有关，但大多数研究制鞋历史的学者们（就像今天还活着的五位中的四位）都认为乐福鞋：①起源于 1926 年英国皇家委员会委托杯尔德史密斯鞋业公司制作的一种新款式皮鞋，据说仅供国王乔治六世在他的乡村别墅逗留时穿（故称怀尔德史密斯懒汉鞋）；②从一位挪威鞋匠的发明进化而来，他把"moccasin"和挪威用于钓鱼的鞋子进行了整合，并于 1930 年推出了这款"漂流鞋"（在挪威被称为"奥兰漂流鞋"）。

17　Weejun 来自挪威语，以此给鞋命名的原因是它源自挪威渔民在不打鱼时所穿的一种休闲鞋。

18　他们之所以这么做的原因有很多种理论解释：①是好运；②是 1930 年两便士足以在公共电话亭打个电话了；③是一个富人的时尚宣言，似乎在证明我上了"七姐妹学院"，就好像我们谁都不知道似的。

帆船鞋的鞋带穿行于鞋口周围的扣眼，然后在鞋面打上一个结，最末端是用皮革做的绒球做装饰。[19] 虽然传统的流苏是棕色的，但它的颜色还是很多元化的，从黑色到棕色十分齐全。与"马鞍形乐福鞋"（Saddle Loafer）一样，它适合与颜色恰当的西服相搭配。

其他适合职业人士穿戴的乐福鞋还包括那些大品牌鞋，鞋面上装饰着有品位的金属装饰件，比如经典的 Gucci 乐福鞋。鞋面上的马蹄形金色铜扣襻是向 Gucci 曾经作为马鞍制造者历史的致敬。如果颜色搭配得当，依然可以和商务套装百搭。在本书中提到的乐福鞋中，我比较反对购买 Gucci 的马蹄乐福鞋，因为同样的价格还有更好的选择。一双好的乐福鞋是用来压箱底的，是每一位职业男士都需要的"五双鞋"之一。因此，以自己能够承担的价格购买一双高品质的乐福鞋，比花大钱买名品牌而过度消费更有意义。

品牌须知

Sebago：成立于 1946 年，这家总部位于密歇根州的美国公司生产各种价格实惠的船鞋和甲板鞋，以及一些正装鞋。20 世纪 80 年代，它是美国帆船队快艇鞋类的官方供应商，在此期间，它的 Docksides 鞋成为全美各大专院校的一种时尚潮流。但是，大多数款式都不适合职业男士在商务场合穿着。

Gucci：意大利最大的奢侈品品牌，于 1921 年在佛罗伦萨创立。它生产全套男装，但是它的工厂起源于皮革制品，主要生产马鞍。事实上，Gucci 鞋面上最经典的铜扣襻就是马蹄形的。

Tod's：它属于意大利时尚企业家迭戈·德拉·瓦莱（Diego Della Valle）。此

19　今天，大多数情况下不仅流苏，甚至连鞋带过鞋帮扣眼的设计方式都纯粹是观赏性的。

外，他还拥有其他鞋类品牌。Tod's 名字灵感来自波士顿的一本电话簿。但是 Tod's 使莫卡辛软皮平底鞋成为从意大利的波托菲诺港到纽约州的东汉普顿的主要时尚纽带。大多数 Tod's 乐福鞋都不适合职业男士在正式的商务场合中穿。

孟克鞋（Monks）

孟克鞋（又叫僧侣鞋）没有鞋带，但在位于鞋舌正上方的鞋面上设计了一个封闭式的马鞍形的横向搭带，这根搭带较宽，能够把鞋帮两侧拉得更紧，使鞋更加跟脚。流行的双搭扣僧侣鞋通常有两条横向扣带和搭扣，而传统意义上的单搭扣设计只有一个搭扣。[20]

如果没有鞋带的纠缠，僧侣鞋不仅好穿，而且看上去还有点军装风格。如果没有那些花哨的镂空雕花，僧侣鞋的搭带看上去还是很时尚、很有韵味的。当然，它可以用你能想象到的各种雕花来装饰，但是要注意场合，因为鞋面装饰越多，就越不正式。虽说黑色的雕花翼尖（鞋头）设计历史悠久，并深受银行家和董事会大佬们的青睐，但是如果整双鞋上满是布洛克花纹设计就显得有点过头了。我认为这是因为没有鞋带来打破布洛克装饰，并且鞋上的一两个搭扣本身已经起到装饰效果。太过分了，有的僧侣鞋竟然有三个或更多的鞋面搭扣，甚至有些搭扣只是装饰性的。再说一遍，这一切都太过了，职业人士还是避免这些花哨的款式吧。[21]

20　据说，这种鞋是以一位来自阿尔卑斯山的僧侣的名字命名的，他在 15 世纪创造了一种非常独特的凉鞋。后来这个设计被带到英国（伟大制鞋匠的国土），并于 1901 年首次申请注册了专利（因为欧洲对设计的保护更加宽泛）。

21　请注意，如果定制僧侣搭带，请尽量不加任何装饰性的设计。如果职业人士能够接受这样的设计款式，那么最好选择那种单独扣眼的搭带，而不是传统的四到五个扣眼，因为制鞋厂家会绝对准确地测量你的双脚尺寸，一扣到底的准确性，因此这也是传递定制本质的一种微妙表达方式，同时也保持了鞋子外观最光滑的线条。

The Laws of Style: Sartorial Excellence for the Professional Gentleman

品牌须知

Joseph Cheaney & Sons：自 1886 年以来，Cheaney 一直致力于制造最好的鞋子。Cheaney 的鞋子完全是英国制造的，即：自 1896 年以来，Cheaney 的鞋子一直是在北安普敦郡的同一家工厂生产的。制作一双 Cheaney 鞋需要 8 周和 200 次手工或手工工具操作。自 2009 年以来，Cheaney 鞋业由表兄弟俩乔纳森（Jonathan）和威廉·丘奇（William Church）共同经营，公司曾经获得 2016 年女王国际贸易企业奖，这是该公司第三次获得此大奖。

Foster and Son: Foster and Son 公司在制鞋行业已经有 175 年的历史了。通常被称为"鞋匠中之翘楚"的 Foster and Son 公司生产的皮鞋品质一流，在他们位于杰明街商店楼上的一个作坊里生产出了具有"西区"风格的皮鞋。近两个世纪以来，他们一直使用同样的工艺，并利用自己高超的技艺，为客户提供定制或成衣服务。

John Lobb：自 1866 年以来，John Lobb 一直为职业人士制作质地优等的皮鞋和靴子。通过为贵族、政界、商界精英提供定制服务，Lobb 确立了自己作为顶尖鞋业制造厂家的地位。1976 年，Lobb 位于巴黎的工作室、按需定制服务与成品系列都被法国百年老店 Hermès 收购。现在其承接顶级的定制服务的巴黎工作室依然存在，其成品系列仍然保留了使品牌扬名的定制品质，如 John Lobb 的 190 道制作工序。

　　保守设计的僧侣鞋是职业人士必备的"五双鞋"中的最后一双。因此假如鞋的拥有者不喜欢穿带扣襻的鞋，那么只需在翼尖装饰颜色清淡的镂花，就可以轻而易举地取代那条搭带扣襻。所以，要明确的是，僧侣鞋并不是绝对的必要，但是，因为穿戴方便，加之呈现效果不同凡响，进而也被正式的商业场合所接受。

我建议大家试一试，甚至在较为休闲的场合下，还可在不系鞋扣的情况下穿。[22]
相比单扣襻的僧侣鞋，双扣襻的僧侣鞋更受欢迎，因为双扣襻通常要比单扣襻更小，因而看上去不那么显眼，而一条宽大、单扣襻的僧侣鞋搭带则看起来有点穿越，给人感觉像是 17 世纪的火枪手或者海盗。记住，我的兄弟[23]，你是职业人士，不是江洋大盗。"人人为我，我为人人。"[24]

正装靴子（Dress Boots）

想到靴子，你的大脑可能会想着它的"工作属性"，也就是它的功能性和粗糙的外表等等，你一定不会想到它会与职场人士的穿戴有关。但是，工装靴的确与工作有关，包括建筑靴、牛仔靴、狩猎靴、登山靴、雪地靴和雨靴等等。所有这些款式的靴子一定都是五大三粗的，明眼人一看就知道。敦实的鞋底和厚厚的鞋帮，脚下穿着这样的靴子与上身定制的西服违和感极强。不是说它们不能搭配，而是那样的搭配绝对谈不上优雅。

另一方面，职业人士穿正装靴子也是允许的，遇上刮风下雪的寒冷天气，靴子是保证你能风雨不误上班的最好帮手。正装靴子可以是巴尔莫勒尔、德比，甚至是僧侣鞋款式的，鞋帮高度由低到高，从脚踝到小腿不等。关于正式与非正式场合穿戴的规则同样适用于正装靴子，条件是所穿的正装靴子与其他正装鞋子具有相同的外形。如果靴子的鞋底较厚或者制作皮料不那么精细，那就不是正装靴子，因此也就不适合正式场合穿了（虽然它们可能很适合搭配某些商务休闲服装）。作为正装靴子的衍生物，切尔西靴子源自马术，其历史可追溯到维多利亚女王统治时代，但在 20 世纪 60 年代，它们成为包括披头士乐队在内的英国摇滚乐队所热衷的靴子。"披头士"曾经天马行空、不分场合地穿切尔西

---

22 相信我，在较为随意的场合下这样穿鞋看起来问题不大，比穿鞋不系鞋带好看得多，危险也小得多。
23 此处原文为法语：mon frangin。
24 这句座右铭出自法国名著《三个火枪手》中的英雄格言录，作者是大仲马（Alexandre Dumas）。

靴子。"爱人，爱我吧！"[25] 虽然切尔西靴子可以传递真正的摇滚起源，但却被一条西服裤腿遮住了辉煌。其实，它们的经典线条和干净的鞋面，不仅可以和正装搭配，还可以搭配牛仔裤出门。总之，切尔西靴子穿在脚上舒适、耐看，主流款式的特点是侧面衬料还带有弹性织物，即宽的松紧带（虽然许多其他款式还使用了拉链设计。如果你问我喜欢哪个款式，我觉得这个侧拉链更时髦）。

品牌须知

Alden：1884 年由马萨诸塞州米德尔堡的查尔斯·H. 奥尔登（Charles H.Alden）创立，专门生产手工制作的男式皮靴和正装鞋。该公司的百余名员工中有许多是第二代或第三代传人。Alden 仍然是家族所有的百年品牌，皮料的主要来源是小型制革厂。Alden 皮靴是我的菜。

George Cleverly：英国品牌，价格不菲，不过可能有点太好莱坞化了。虽说这家总部设在伦敦的品牌生产的鞋子确实好，但他们似乎花费了大把时间，希望大家知道，给他们品牌站台的名人大都曾经穿着 Huntsman 品牌的西服出现在电影《王牌特工》里。

Edward Green：英国品牌，创立于 1890 年英格兰的北安普敦。该品牌是工艺精湛的代名词，每周只做 250 双成品鞋。20 世纪 30 年代，Edward Green 是英国陆军军官靴的最大制造商之一。购买该品牌的靴子和皮鞋可以前往他们在伦敦杰明街和巴黎的圣日耳曼大道的专卖店。

25　《爱人，爱我吧！》（*Love Me Do*）是披头士乐队发表在 *Please Please Me* 专辑上的一首主打金曲，1963 年由 Parlophone 发行。

职业人士五大件

职业人士必须拥有的五双鞋子（"五大件"）:（1）黑色简约型或三节头牛津鞋;
（2）三节头牛津鞋或深棕色的半雕花德比鞋;（3）黑色布洛克鞋;（4）深棕色
的镂花三节头或棕色双扣襻的僧侣鞋;（5）马臀皮便士乐福鞋。对此, "五大件"
的投资规则如下:

> **法则 11**
>
> *职业人士应将其大部分鞋类预算用于购买这五款基本鞋履。*

如果买得好, 保养得好, 鞋可以穿一辈子。否则, 从长远来看, 你只会花
钱不讨好, 除非你觉得职业人士的生活方式不适合你, 因为你打算从事的工作
根本就不需要穿质量上乘、外观漂亮的皮鞋。

非正装鞋

好的, 各位请注意, 我们还没有讨论服装, 但是我们已经开始深入讨论商
业休闲"装备"了。运动鞋和球鞋不是正装鞋, 它们的起源是体育运动赛事服
装和运动服, 而我们在此讨论的是高档混合鞋履。大致以网球鞋、船鞋、篮球鞋、
滑板鞋, 甚至跑鞋为设计母版的鞋款, 现在已经有接近正装鞋的款式了, 按理说,
这样的高档混合功能的鞋是可以在商务休闲场合穿的。随着设计师品牌（奢侈
品牌）运动鞋和球鞋销售的增长, 非正装鞋已经形成一项巨大的商业需求, 大
大超过了正装鞋的销售量。

这些类型的鞋有各种各样的配色。有的奔放, 有的古怪, 鞋上印着各种品
牌标识, 而另外一些只是突出了它们的运动风格（可谓含而不露）。最适合办公

The **Laws of Style**: Sartorial Excellence for the Professional Gentleman

室穿的运动鞋是那些设计简约、没有过多装饰或对比色配色的款式。选择那些真皮制作的，或者以绒面皮，或者帆布为面料的便装鞋，颜色应该以含蓄为好。一般来说，你只能选择低调的运动鞋或球鞋上班穿。让我来告诉你吧，因为在公司里总会有一个老顽固，他会认为你根本不应该穿这种花里胡哨的非正装鞋上班。此外，最好也不要给人力资源部

Black Wing Tip

Brown Cap Toe Oxford

Black Oxford

Tan Wing Tip

Cordovan Penny Loafer

的介入提供任何理由。总之，无论何种形式的非正装鞋，一定不能在正式的商务场合穿（在非常正式的商务场合下，大多数职业男士都不会喜欢这种装束）。换句话说，篮球运动员为他们的球迷在球场上所穿的衣服，你不应该穿着在法庭为你的客户辩护。

法则 12

职业男士不得将非正装鞋当作商务装穿。

要么是一脚蹬便鞋，要么是网球鞋或者高帮系带鞋，在这三种风格中选择其一。

关于一脚蹬

你可能会认为一脚蹬是这三种鞋中最随意的一种，但令人惊讶的是，对于外人来说却是最正式的，因为它们没有鞋带，所以很难区分它们和偏正装的乐福鞋的区别。它们的构造有点像乐福鞋，除了在鞋底使用特殊性能的材料。通

风格法则：写给职场男士的终极着装指南 ——— 5 从脚到头：鞋子

常情况下，一脚蹬的鞋面两侧的那两小块松紧带可以使双脚能轻松穿上皮鞋。

如果颜色和皮料适中，一脚蹬是最容易与西服和传统剪裁服装搭配穿戴的，因为它与乐福鞋有很多相似之处。因此，棕色或黑色一脚蹬皮鞋也是可以和西服搭配的，前文提到的乐福鞋的颜色规则也同样适用于一脚蹬，就如同如果你穿的是皮质的一脚蹬，那么它的皮质就应该与你的皮带相匹配。绒面皮和帆布款式的一脚蹬便鞋绝不应与西服一起穿。请注意，虽然皮质的一脚蹬便鞋可以与西服搭配，但是我们必须认识到穿便鞋的场合只能是商务休闲模式。身上的服饰正式与否决定脚上的鞋履的款式。

品牌须知

Frye： 这个流行全美的百年老品牌于 1863 年创建，经过了几代工匠的培育。Frye 从制作靴子起家，现在的产品线包括完整的皮鞋和箱包系列。Frye 生产了几款别致新潮的一脚蹬，为职业人士在正式商务场合以外提供了很好的便装鞋。

Vans: 让我们联想到的是滑板青少年，而不是公司董事会的高端人群，作为南加州本地人，我真是不能把自己心爱的潮牌从这个单子中删去。Vans 1966 年诞生于美国南加州，一开始就以生产廉价但结实的运动鞋而闻名。但是，如果你是下班后滑滑板回家一族，你也会了解到他们早期的一款一脚蹬便鞋也是用皮料制作的。

Armani： 乔治·阿玛尼创建的全球化的意大利时装公司，该公司的产品包括高定时装、高级成衣、皮具、鞋子、手表、珠宝、配饰、眼镜、化妆品，甚至家居产品等。Armani 也生产高端的皮质一脚蹬便鞋，其零售价约为 Vans 产品的 5 倍，但做工相当精致。

低帮系带鞋

黑色或棕色系带的网球鞋也很容易做到低调含蓄。但是，白色或奶油色网球鞋还是有一定诱惑力的，特别是那些精心制作的设计师款。作为大胆的职业人士，你可以选择它们，（尽管如此我还是要预先警告你）但人们不仅会对你的鞋子横挑鼻子竖挑眼，而且还会对你横加指责，因为很明显，这种鞋太扎眼了，因而也不会被视作正装鞋。如果你不想招致这种挑战，完全可以选择一双做工精细的皮革皮鞋或光面皮鞋，并与适当的正装搭配。我们将在下面讨论如何搭配。我不认为白色网球鞋可以与西服搭配，它能够搭配的也许是泡泡纱（一种特别休闲的薄织面料）休闲西服。"嗯，也许是吧。"[26] 即使如此，我还是觉得网球鞋看起来有点可笑。但是如能选择得当，网球鞋仍然可以成为百搭之王，唯一的条件是它们必须一尘不染。

品牌须知

———

COS：成立于 2007 年，是一个瑞典品牌，外观大气、现代，功能性好，被公认为鞋类设计中的翘楚。但是他们的皮制运动鞋价值被严重低估了，其实价值无量。

The Last Conspiracy：另一个兼容并蓄的瑞典品牌，它生产的鞋履质量上乘，充满历史的沉淀以及和现代性的交集。他们的营销口号之一是"人类永远是孤独的流浪者，但我们依然要舒适地着装后再出发"。好吧，好吧，虽说价格

26　对于你们这些非金融咨询职业人士来说，"也许、大概"的意思，是股票交易员的一句行话，当为客户下单的时候，交易员可能会说"Treat me subject"，表明客户可能需要交易员再度确认指令，以保证下单准确无误。

不菲，但是质量上乘，是再现手工鞋魅力的诚意之作。

Superga：最早出现于 1911 年，这些橡胶底球鞋毫无设计感，但制作简单，价格低廉，值得推荐。在度假的时候，我一直穿着 Superga 帆布鞋。

Zespa：在法国制造。Zespa 以一种反叛的精神，制造出"一款全民期待"和充满挑战的鞋子。该品牌的 ZSP4 球鞋用质感极强的皮革制成，橡胶鞋底的调性也非常好，是给职场达人 / 潮人的好鞋，容易激发他们的运动精神。

高帮系带鞋

高帮系带鞋明显会让人联想到篮球鞋。20 世纪 90 年代，Air Jordan 的购买狂潮使 Nike 成为一家全球性运动鞋生产巨头，数十亿人渴望从这家大型运动鞋制造商那里买到最新款式的高帮运动鞋。但我说的不是篮球鞋，我所指的高帮系带鞋，以及作为职场达人唯一应该考虑的鞋子，看起来更像正装靴子而不是篮球鞋。换句话说，如果篮球运动员拉塞尔·威斯布鲁克（Russell Westbrook）穿着我说的那种高帮球鞋，并试图横穿办公室，他很可能会把自己的脚踝扭断。[27]

所以，就把你上班时能穿的高帮鞋看作是一种较为舒适的硬底正装靴子吧，或者更像是一只马球靴（Chukka Boots，见下文），而不是用于运动的高帮鞋。切记鞋上不能有显著的名牌标识（这适用于所有鞋履）或明显的企业标识条纹，因为那样的话你是给人家免费做广告，宣传那些品牌的运动起源了。

----

27 但话又说回来，拉塞尔是个穿着讲究得体的人，他绝不会穿那种高帮鞋，那种职业人士可以在法庭上穿的高帮鞋。但是，假如他和他的代理人与律师重新谈判一项代言协议，那他很可能会穿这种高帮鞋去你们公司的。

品牌须知

————

Nike：这个庞大的美国运动服品牌是不可能从名单中省去的。Nike 过去在运动鞋领域占据主导地位，现在仍然是。当然，他们大部分产品的主要问题是，设计过于彰显其品牌标识，因而不适合职业人士在正式场合穿。尽管如此，还是有一些非常简约的设计理念存在，在鞋面看不到任何品牌标识；无 logo 的 Air Jordan II 系列跑鞋、Air Huaraches 系列跑鞋和 Flyknit 系列跑鞋都是非常简约的。

Santoni：成立于 1976 年，以意大利巧夺天工的制鞋工艺风靡全球。鞋身色彩鲜艳，对比鲜明的嵌板，佐以大胆的鞋身曲线设计。除此之外，他们也提供更多传统颜色的款式。尽管 Santoni 的价格不菲，但工匠以其精湛的剪裁工艺，将结实耐用的皮料制成舒适典雅的经典鞋履。Santoni 提供全系列精致的男式正装鞋。他们的高帮系带鞋是奢侈品牌运动鞋的终极版，接近 1000 美元一双。

Adidas：这个德国品牌是欧洲最大的运动服装制造商。Adidas 的 Yeezy Boost 系列是由 Kanye West 为 Adidas 打造的。三条纹的颜色多有变化，其中"三重白色""三重黑色"和灰色色系的推出，看起来非常时尚，因而可以在办公室场合穿。Yeezy 系列通常很难从零售商手中购买得到，adidas.com 是为数不多的独家在线零售商之一。二手交易市场是你购买这个系列的唯一途径，从而造就了倒卖球鞋的巨大套利机会。

Common Project：成立于 2004 年，该品牌的运动鞋都是由意大利工匠手工缝制的，最常使用的皮料是意大利纳帕皮。设计简单，吸引人。所有产品的脚跟位置的鞋帮上都有一行数字，分别显示鞋的款式、尺寸和颜色。这是一个很好的品牌元素，但是如果有人敢在办公室穿，可能会惹恼一些职业人士。

非正装靴子

马球靴高及脚踝，使用两件皮料制成，一般有 2～3 幅鞋带眼儿。马球靴与短马靴（Jodhpur Boots）关系密切。这种休闲鞋的材质多为小牛皮质地，但绒面皮或黑色皮革则是更好的选择。沙漠靴（Desert Boots）上的绉底（Crepe soles）运用到马球靴上是内森·克拉克（Nathan Clark）先生开创的，1941 年他前往缅甸旅行，途中他看到士兵们穿着这种高帮靴子，这就是经典的（Clark）马球靴的缘起。马球靴是纯粹的休闲鞋，当然不应该和西服一起穿。

办公室里唯一可以接受的非正装靴子是那些为应付恶劣天气才穿的款式，例如，亨特惠灵顿靴子（Hunter Wellington Boots），简称"Wellies"或 LL Bean "duck"，但是这些靴子毕竟难登大雅之堂，职业人士最好还是在办公桌下放一双乐福鞋，以备不时之需。骑手靴（Biker Boots）、牛仔靴（Cowboy Boots）以及建筑工人穿的靴子都是被严格禁止的。听着，伙计们，这些靴子都是在做体力活时穿的。如果你是做脑力劳动的，就不要把自己打扮成体力劳动者。

远离那些"扎眼的"的鞋子

很多男士都喜欢穿那些很"亮相"的鞋。这些"亮相"鞋中有一些长相相当可爱而且做工很好，如 Berluti 的朱红色牛津鞋，白色的 Salvatore Ferragamo "Giordan" 乐福鞋，Bally 的 Plas 系列蟒蛇皮牛津鞋，以及 Florsheim 的红色绒皮镂花翼尖鞋，这个款式是与一位长居洛杉矶的设计师乔治·埃斯奎维尔（George Esquivel）合作完成的，它是我的最爱。如此之多的漂亮鞋子，如此之多的选择，身在写字楼的职业人士们必能选中自己最心仪的那一款。

品牌须知

————

Berluti：创立于 1895 年的法国巴黎，是拥有百年历史的法国经典制鞋品牌。Berluti 以优质的皮料定制各种款式的皮鞋，其中也包括成品系列。历经四代 Berluti 人的打磨与完善，Berluti 的制鞋工艺与专业知识可谓炉火纯青，曾几何时他们只做定制鞋。另外，专门为 Berluti 研发的 Venezia 皮料为其产品提供了无限的底蕴和品位，这些产品有多种颜色系列，是该品牌的骄傲。

George Esquivel：一个彻头彻尾的洛杉矶品牌，乔治·埃斯奎维尔是 George Esquivel 设计公司的创始人、总裁和设计总监。这家南加州公司专注于手工定制鞋和皮具的生产，目的是为每位客户创造一种独一无二的体验。George Esquivel 将来自全球加工厂的上好皮料与前卫的设计和罕见的颜色组合在一起，我预测它会创造出一个全新的传奇品牌。

品牌推出这些鞋，目的在于促销他们开发的黑色和棕色的畅销鞋履。诚然，当将这些鞋与穿着者（将穿着者的服装与鞋分开考量）分开时，单独考虑鞋的话，精明的商家的排序是：绿色、蓝色、紫色和其他非传统的颜色，这些鞋仅凭那些迷人的色彩就会很吸人眼球。[28] 因此，有些人确实会买这些丑陋的物件，有些人之所以这么做，是因为他们相信自己是时尚的或者是与众不同的（以一种好的方式）。另外一些人则趋之若鹜，见着这些光怪陆离的鞋子就买。"我买了些

28　与平时购物一样，除非非常有把握而且又很着急，我们一般肯定要先试试，然后还要考虑它是否和衣柜里的其他衣服搭配，这都是必须要考虑的。如果买了红色绒面皮鞋，家中衣柜里的哪一件衣服与之搭配最好？买一条红色的绒面皮带？而恰恰此时你正系着一条红色的绒面皮带。穿什么衣服来配这个红皮带？系什么领带？在这个上帝都崇尚绿色的地球上，当你穿着红鞋、系着红腰带时，你会指望别人如何看你？（或它与你衣柜中的其他衣服相配吗？）

现在有点后悔的东西。"[29] 无论如何，对于职业人士来说，应尽力避免此类花里胡哨的鞋履，它们的存在受时间、地点的限制，通常是为了某人的婚礼（或单身派对），但投资这样的鞋子是不划算的。除非你的预算无上限（衣橱空间巨大），否则我更希望你把所有买鞋的钱都花在那"五大件"上。这不仅会帮你节省衣橱的空间和保养的时间，减少担忧和消费成本（是的，鞋子需要维护），而且也会帮你节制欲望，以免穿上那些疯狂、抢眼、荒唐可笑的鞋子。

保养你的鞋子

考虑到为购买这些鞋子你进行的前期投资，这里有一条值得注意的法则：

> **法则 13**
>
> *职业人士应该妥善保养自己的鞋子。*

买完鞋之后，你通常应该先去鞋匠那里，给鞋尖和鞋跟做好保护。这并不是必需的，但它会让你的鞋子经久耐穿，并向大家表明你是一个注重细节的人。此外，新鞋也应该上油，因为这对皮革的密封有好处（新鞋可能不会拥有如此的维护）。如果不上油的话，鞋子会在雨雪中因沾水而严重损坏，所以这样做是明智的。

鞋撑能防止你刚穿过的鞋子收缩，并使它们晾干恢复正常的鞋型。你首先应该做的是购买未涂漆的雪松木做的鞋撑，因为它们可以将皮革中的水分（雨水、

The Laws of Style: Sartorial Excellence for the Professional Gentleman

---

29　"谦虚的老鼠"（Modest Mouse）是一支美国独立摇滚乐队，《破产》（*Broke*）是他们的一首单曲，来自专辑《无为》（*Building Nothing out of Something*）（UP 厂牌发行，1999 年）。

汗水或者是被你击败的对手的泪水）吸干。不是每双鞋都需要鞋撑，但是每当你把鞋脱下来的时候，最好使用鞋撑，然后过几个小时，待鞋子恢复正常的形状，就可以撤掉鞋撑了。

关于烘干湿透的鞋子的一句忠告：切忌使用直接加热的方法把鞋烘干，直接加热会使皮革干得太快，从而导致皮革开裂，直接毁了你的鞋子。开个玩笑，《破产法》第 7 章描述了企业破产，却没有第 11 章关于企业破产（皮革开裂）的重组程序。补救办法：用报纸把鞋子包好，让它们自然干燥，切忌直接加热烘干。然后将鞋撑放入鞋内，放上一两个小时为宜。

当鞋有磨损的迹象时，不要犹豫，立刻拿去修理。鞋跟通常是最先被磨损的部位，但是，如同兼并重组的搭档，它们都是可以被替换的。任何缝合处有开线的问题都应该第一时间加以处理，刮蹭和擦伤通常会花较长的时间来重新修复，如果问题出在鞋的内部，就应更换内鞋底或其他受损的部位。此外，请记住定期擦拭皮鞋。定期使用正规的鞋油保养皮鞋，这不仅会使鞋看上去漂亮、清洁，而且还有助于皮革保持柔软、润泽和富有弹性。这对于鞋子的使用寿命来说至关重要。

如果你是个喜欢不断更换鞋带色彩的花花公子，那么鞋带应该每三四年就更换一次。但我不赞成这种做法，因为它表现出一种刻意甚至是小题大做。不过在符合职场穿着法则的前提下，你勤换鞋带的颜色谁也管不着。只不过，上帝保佑，如果你鞋带换得太勤，那你就是给自己找事了。此外，如果你还考虑鞋带和领带的颜色同属一个色系，那就更费心思了，甚至还有可能违反"轻松愉快法则"。

一双做得好的鞋应该能穿一辈子。没错。[30] 如果能做到定期维护保养，就能接着穿，耐穿性也会帮助你投资购买好鞋。既然好鞋可以永"穿"不朽，为什么不把这双鞋保养得美好"健康"，穿在脚上舒适耐看，而不是时不时就要花钱

30　此处原文是：Ita vero。

再买上一双，用一双平庸的鞋取代另一双平庸的鞋？查一下这上面的消费数字，这可不像计算市政债券投资组合或复杂的 DCF 分析会给你带来的价值。这是简单的数学计算，好鞋值得前期投入。

　　还是那句罗马法格言："不知法律不免责。"

6

给我双好袜子

"一个想要出类拔萃的人应该高开高走。"

—— 艾皮泰图斯

一般来说，人们不愿在如何穿袜子上下太大功夫。袜子的基本要求是质地好，此外颜色也不要过于鲜艳，最好与裤脚和鞋的颜色保持一致。因此，职业人士的袜子一般来说应该是黑色、灰色（多种程度的灰）、藏青色和棕色（由浅到深色系列）。一定要准备好几双基本款的袜子，并且时不时还要加上些带有个性化表达的款式（下面讨论）。此处规则很简单：黑色的鞋子搭配黑色或灰色的袜子最好看。棕色的鞋子最适合搭配灰色、藏青色或棕色的袜子；深绿色和暗红色也被认为是可接受的袜子颜色，并可与棕色和黑色的鞋搭配穿。穿正装鞋再穿白袜子？绝不可能（想都别想）。

袜子应该和你身上的另一件服饰相配吗？不一定，但如果能做到这一点，也是相当不错了。许多人喜欢把袜子和裤子的颜色搭配起来。这个做法不错，因为如此一来袜子就不那么引人注目了。但是我的建议是一定要确保二者面料质地的不同，否则看上去会有些不舒服。如果是花呢面料的服装这是没有问题的，因为你可以在花呢面料中随意选择一种颜色，并与袜子相配。换句话说，你可以穿基本款袜子，但是绝不能把黑色与花呢面料混搭。其他的组合搭配元素呢？也许还应该包括毛衣、领带？由于基本款的袜子颜色越来越多，我更倾向于把袜子与衣柜中比裤子更别致的元素混搭（例如把绿色袜子和绿色羊毛衫或暗红色袜子和暗红色与黄色领带等混搭）。

"选择朋友取决于他们的性格，选择袜子则取决于它们的颜色。"

——加里·奥德曼（Gary Oldman）[1]

穿舒适的袜子，袜子不能是旧的或有破洞，并必须遮盖整个小腿，因为一旦你的裤腿上提就会露出全部小腿。说真的，在任何正式场合下露出多毛的小腿都是对他人的不敬，没人想看，你也不应该露出来。其实，这个问题很好解决。多买中、高帮的袜子，而且一旦出现破损，或失去弹性，那就赶快更换袜子。就像你的内衣（抱歉，这本是你自己的事，我不想在"男士着装法则"中

1　奥德曼是一位出色的英国演员，经常扮演优雅的正派人物。奥德曼自称是好莱坞的局外人，以其扮演的高智商的角色而闻名。

讨论）一样，袜子是与你的皮肤直接接触的服饰的一部分，因此应该用质地最好的面料制作，舍得花大价钱来购买。袜子质量不高会导致不适，会让人整体上缺乏自信（这是衣着儒雅风流的基本因素）。尽管如此，人们仍然很难对袜子的质量与合适度表现出应有的热情。选择好的袜子可能是件麻烦事（这就是有这么多直销的袜子制造商涌现出来的原因，它们让你定期订阅商品目录，从中得到袜子更新的最新消息）。[2] 因此，让我们快速细分一下制作袜子的不同面料，并看看是什么使某些面料比其他的更可取。

材质与工艺

纯棉袜子

可能你们大多数人都穿纯棉袜子，没关系。我也是。棉花是一种天然的织物，结实耐用，功能性强，冬天能给你带来温暖，夏天能给你降温。它不需要特别打理，所以纯棉袜子可以放在洗衣机里洗涤（洗后请确保成双放在烘干机里烘干）。此外，纯棉袜子相对便宜，让我们面对现实，大多数职业男士不喜欢在袜子上花太多钱。棉花通常与其他织物混合制成袜子，但当棉袜以各种颜色和印花的形式出现时，它们通常缺乏质感。缺乏质感是纯棉袜子的主要缺点。

纯羊毛袜子

纯羊毛袜子的保暖效果更好，同时也增加了纯棉袜子所缺乏的硬朗的质感。虽说以前（厚重的纯羊毛袜子）可能用于温暖常春藤大学教授的"大脚"，但今

---

2 比如 Sock Panda、Sockracy、Mack Weldon 和 Nice Laundry 等按月订购内衣、袜子的平台，选好风格后，你就可以定期收到袜子和内衣，以及它们的产品目录。

不用管

风格法则：写给职场男士的终极着装指南 —— 6　给我双好袜子

83

天的纯羊毛袜子已经非常轻薄了。所以纯羊毛袜子早已不算是冬装了。羊毛既能吸收又能释放水分，这是纯羊毛袜子一个非常有用的特性。纯羊毛袜子在被彻底打湿之前就可以吸收 30% 的水分。是的，虽说令人厌恶但却是真的。

品牌须知

Soxfords：2013 年创立于纽约上东区，该品牌是由那些试图让男装富有创意和趣味性，但又不荒诞的人们创造的。这就是为什么 Soxfords 设计的袜子让男人看起来很职业，同时也表现出他们的个性。设计图案从细腻的条纹到橡皮鸭的圆点，让任何一个男人都能找到最适合自己的风格和需求。该品牌业务还扩展到销售创意领带、袖扣和领带夹。

Pantharella Corgi：英国高品质袜子品牌。自 1938 年以来，Pantharella Corgi 一直在英国生产袜子，并坚持使用高质量面料和卓越的工艺。该品牌以其创新而闻名，因为他们是轻巧、无缝男式袜子的首批生产商之一。他们的袜子制作精美，同时结合原始设计，如复古图案、明亮的条纹和犬牙纹印花等，从这些制作专业的袜子中可以看出他们对独创性和原创性的追求。

New & Lingwood: 创建于 1865 年的英国品牌。New & Lingwood 出售全套男装、鞋子和配饰，包括全部的彩色袜子。该品牌以其质量和英式风格著称，并拥有零售店和定制的裁缝店。其生产的袜子颜色多种多样，有颜色对比鲜明的波尔卡圆点，以及颜色较为暗淡的头骨和十字骨图案等等。除了它们特有的审美情趣，制作袜子的面料精细，工艺精湛。

羊绒袜子

羊绒是一种优雅的面料，主要用于职业男士青睐的高质量针织服装。尽管羊绒被定义为羊毛的一种，但它实际上是一种毛发（与皮毛有区别），这就是它与标准羊毛的感觉如此不同的原因。如果你穿着羊绒袜子，可以确定你的脚会感觉干爽舒适。羊绒袜子也很轻，这也是它们如此舒适的另一个原因。和你其他较好的羊毛袜子一样，羊绒袜子必须手洗，肥皂不要用太多，晾干，或者送到洗衣店。这就很麻烦，加之昂贵的价格，羊绒袜子的缺点不少。

丝绸袜子

丝绸是一种比羊绒更精细的织物。丝绸袜子可以在正式工作场合穿，也可以在正式宴请、会议等场合穿，丝绸袜子看起来非常讲究。一般来说，丝绸袜子的颜色不多，而且保养起来也是件麻烦事。职业男士当然可以弃之不用。

非传统类的毛料

还有一些袜子由更奇异的毛料织物制成，比如驼毛、牦牛毛、羊驼毛或维纶。除了作为谈资，这些特殊面料也没什么值得推荐的。大家知道，牦牛生活在喜马拉雅山，骆驼一般生活在非洲，而羊驼是骆驼家族的一员，生活在安第斯山脉。因此，如果你常看国家地理频道的节目，想把这些野兽驯化成为你脚下的优质袜子（并为当地经济作贡献），那你就应该全力以赴了。但是，以这些织物为原料生产的袜子产量有限，因为它们的毛产量很小。

许多大型零售商，如哈罗德（Harrods）、萨克斯第五大道（Saks Fifth Avenue）和巴尼斯（Barneys）都能提供不错的男装基本款袜子，其他，如Brooks Brothers、Paul Stuart、Ralph Lauren、Paul Smith 和其他品牌也有不错的男装袜子。

利用袜子的多种选择

现在该考虑颜色刺眼的袜子的限定可接受性了。不瞒你说，很多人说我的袜子多少带点"波普"的意味，我还因此小有名气。事实上，有人还在《华尔街日报》（*The Wall Street Journal*）上就此话题专门撰文[3]，更有甚者，好事者在《纽约时报》（*New York Times*）援引我的话说，"我喜欢脚穿大花袜子，脚踝看起来像一支诱人的棒棒糖"[4]，这多少让我感到有些尴尬。太不成体统了，至少，作为锦衣华服的一个重要组成部分，这绝对不是我的路子，而对于那些希望表现出内敛、含蓄的职业男士来说，就更不该如此了。但是，对于那些真的无法抗拒色彩鲜艳或花哨图案、想玩点异想天开游戏，或者两者兼而有之的奇思妙想的人来说，袜子可能是展示这种异想天开的最好地方。我这么说有原因：

原因之一是，很明显，如果你穿的是一条剪裁传统的裤子，那么就会很少露出脚踝，所以你那双颜色热辣的袜子就可以藏而不露，在大多数情况下，只有在以下情况下，你的脚踝才会若隐若现：

大胆地交叉双腿而坐之时，这也是你完全控制局势的姿势（但是你可能以为你如此坐姿是不由自主的，相信我，你不是的）。作为职业男士，我们倾向于或习惯于采取分腿坐姿，分腿坐可以减少袜子漏出裤腿的概率，但是腿是你的，你的地盘你做主。

穿西服的你做出一些非"规定动作"或令人意想不到的英雄壮举，比如，雨天跳过一个小水坑，或者帮助某个热辣的行政助理打开复印机里某个你从未动过的部件。

无论如何，脚下的大花袜子不应随时闪现外露，做到这一点我相信就足够了。

原因之二是，袜子可能是你衣柜中最便宜的一件，也是磨损最快的。这样的话，你可以用合理的价格定期购买带色的袜子，因而用不着将色彩鲜艳的袜子定期轮换着穿。如果经常穿同样一双扎眼的袜子，

3　史蒂夫·加巴里诺（Steve Garbarino），《利用袜子的选择》，《华尔街日报》，2013 年 3 月。
4　雅各布·伯恩斯坦（Jacob Bernstein），《时尚内幕人士的律师》，《纽约时报》，2014 年 12 月。

那就太糟糕了。有趣的是，但也许曾经更具讽刺意味的是，直到它几乎快被你遗忘之时，它才发挥了同等的效应。

法则 15

职业男士不应经常穿带有"波普艺术"特征的袜子。

　　随着时间的推移，这种"波普袜子"可以与传统意义上的黑色、藏青色或棕色色调混搭，甚至与其他可能更加扎眼的款式混合穿（尽管风格不同），你的个性袜子会渐渐产生持久的影响，这就如同你的处世之道会潜移默化影响他人一样。值得注意的是，袜子如有轻微破旧的迹象，请立刻用不同的款式替换，以确保新鲜感。

品牌须知

Paul Smith：销售颜色鲜艳、款式大胆的袜子，产品的突出特点是不让任何人感到无聊，换句话说，Paul Smith 的袜子自成一体、创意无穷。保罗·史密斯（Paul Smith）在诺丁汉创立了自己的品牌，但他致力于将令人"心旷神怡"和幽默的梗融入时尚，同时又不忽视传统的风格元素，他设计的袜子风格反映了一种"折中的美学"，其细节表述由表及里，深入骨髓，同时又能保持时尚的美感和深邃的内涵。Paul Smith 为消费者呈现了一个既具有完美时尚传统，又充满奇思妙想的男装系列。

Happy Socks：瑞典品牌，始创于 2008 年。品牌的宗旨是给普通的袜子注入令人兴奋的元素，即在袜子的整体设计中注入创新性元素，使其超凡脱俗，从各色菱形花纹到圆点花纹，乃至动物和棕榈树图案，可谓千姿百态。尽管公司致力于色彩多样性和创新，但他们并没有以牺牲袜子的质量和实穿性为代价。

MoxyMaus: MoxyMaus 袜子的做工越来越精致、令人愉悦，肯定会给你的着装增色不少。他们的袜子结合了各种颜色以及几何图案，使本来会很平庸无聊的体验变得妙趣横生。MoxyMaus 的袜子也是风格多样又百搭，从西服到牛仔裤无一不成。MoxyMaus 是一家加拿大本土公司，产品可以在其品牌的季节性商店或在多伦多的常规零售店买到。

下面是几个具体的产品案例，首先是一些非常规的设计，有些我认为不是太正式（但在正式场合下仍然可以接受）。尽管如此，按照每周工作五天的传统，我还是不会穿这种"波普"袜子的，即使穿也不会超过两天；就算是那些每周实际工作七天的加班族也不会穿超过三天，因为在这些在职场奋斗的"997"面前，"波普"袜子会显得非常违和。

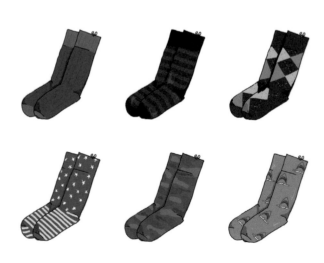

我们来看一下下边的几个范例，我认为可以推而广之：

• 风格越狂野，穿着频率越低。风格性与穿着频率呈反比。

• 关于质量，应该高价购买那些价高质量好，且又经常穿的常规款袜子，少买（根据预算的情况而定）少穿那些花里胡哨的袜子。

• 与其他一些服装搭配时，如果袜子的正式程度降低了，那么一般来说服装的正式程度应该增加。

下面是另一些我认为在工作单位应该完全禁止穿着的袜子，除非发生的变化令我无法想象。

法则 16

职业人士不得穿以下设计款式的袜子。

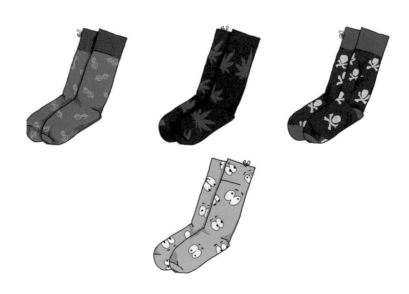

无袜等于无畏

不穿袜子本身就很随意了，但是根据"职场男士着装法则"，此等做法通常是不可取的。

• 在最好的情况下，不穿袜子会让人联想到慵懒、度假、海滩、夏天，以及布赖恩·费里演唱的那首《阿瓦隆》(Avalon)。[5]（请注意，虽然这些联想时尚而浪漫，但是它们与一般意义上的高品质工作毫不相关，因为很少有客户愿意让一个慵懒的"在海滩上"的所谓职业人士为自己工作。）

• 在最坏的情况下，不穿袜子会让国人想到细菌、不讲卫生、汗水、脚臭，以及对他人的不尊重和缺乏礼貌。即使是爱因斯坦（这样忘我的科学家）也不会如此豪放。[6]

然而，在某些非常有限的情况下，不穿袜子是可以的。根据"职场男士着装法则"，这些将取决于职业人士所处的环境、可能与之互动的客户以及夏季周五的轻松随意程度。这些所谓"环境"在职场中往往是罕见的，但是如果职业人士深陷其中，他就必须始终确保他露出的脚后跟不被诟病。

所以，如果你是浅色皮肤，而你的皮肤还没晒成古铜色，最好还是穿上袜子。如果你的腿（小腿）毛发较重，而且你有充分理由认为别人看见了会心生反感，那就穿袜子吧。如果你有开放性的伤口、皮疹、瘀伤、蚊虫叮咬等，请一定穿上袜子。如果你穿黑色高帮鞋，请一定穿袜子。如果你不确定这些规则是否

5　Roxy Music（英国摇滚乐队），《阿瓦隆》，《阿瓦隆》专辑（华纳兄弟唱片公司，1982年）。

6　正如阿尔伯特·爱因斯坦所说："即使在最庄严肃穆的场合，我也能不穿袜子而不被发现，因为我把那个不文明的部分藏在高帮靴子里边。"

适用，或是拿不准是否该穿袜子。伙计，那还是穿上袜子吧。

如同一家上市公司的 CEO（首席执行官）因公司业绩不佳被要求退还奖金一样，赤脚穿鞋的场合是罕见和让人觉得惊奇的。职业人士一定不会经常赤脚穿鞋。作为旁白，我希望这对你来说是显而易见的，穿上超浅口船袜让人觉得你没穿袜子，是绝对不行的。求求你们了，先生们，如果你们不想穿袜子，那就真的打赤脚吧。虽说穿超浅口船袜可能会给你带来舒适感，但是它们依然会显得虚假和不真诚。[7] 这些都不是职业人士所喜欢的着装特征。当大家都赤脚的时候，你却穿着心仪的超浅口船袜，那就适得其反了。

因此，尽管赤脚穿鞋这种情况很少见，偶尔为之也未尝不可，但是要求也是相当高的。如能具备以下条件，赤脚穿鞋也貌似美事一桩：例如，漫步于仲夏夜的明月清风之中，手挽巴西小美女沿着蜿蜒曲折的小径，而那条曲径又紧挨着你的公寓。也就是说，一旦万事俱备，即使脚踝外露，赤脚穿鞋也能传递一种休闲大气、浪漫优雅，外加一定程度的原始活力。此外，赤脚穿鞋者还应具备必要的自信，即："你必须相信我。我不会紧张，我根本不需要穿袜子，连我的脚都不会（因为我紧张而）出汗。"这样的自信的确很难复制。

还是那句罗马法格言："不知法律不免责。"

----
7 他们也非常时髦，是男装博客推出的时尚达人，即那些赤脚穿鞋的直男看似更加耐看、和蔼可亲。

7

西服：我们的制服

"穿上设计精美的西服能提升我的精神，
赞美我的自我意识，帮助我成为一个重视细节的人。"

—— 盖伊·塔里斯（Gay Talese）[1]

我们都是职业人士，我们都重视细节，因此，我们都应该穿西服。我想告诉诸位的是，西服是职业人士的标配。至少每周四天，无论工作单位的着装规范如何，都应该穿西服上班。穿西服套装，但别让它把你"套"住。要穿得得体，而不是把它穿得像"工服"。

接受并欣赏西服

好吧，这里说了太多的名言警句和双关套话，让我把它们简单地分解一下。

---

1 盖伊·塔里斯，美国作家，曾与 *Esquire* 杂志和《纽约时报》合作定义了文学新闻主义的概念。他是个天生的衣服架子。

在这样一个时代、一个年龄阶段，西服仍然是职业人士的标配。当然，对你们中的一些人来说，你们拒绝穿西服的原因可能是你们自认为是叛逆主流，但是"叛逆者，叛逆者，你们早已是面目全非了"[2]。所以，先生们，（我呼吁你们正视）穿西服绝对是最基本的要求。西服使我们拥有尊严，也是我们的最佳自我呈现方式。

"套用勒·柯布西耶（Le Corbusier）的说法，西服是我们生活的必备，

它很像一件紧身但又舒适的盔甲，并不断地被修改和重生，

说白了，它非常适合现代的日常生活。"

—— 凯利·布莱克曼（Cally Blackman）[3]

我认识到，你们中的许多人都有机会利用商务休闲（无论是周五还是整个星期）作为掩护，不接受这一点，但老实说，如果你们对穿西服正装还存疑的话：

• 你要么是懒惰的"勒德分子"（Luddite），喜欢舒适而不是优雅，喜欢穿一件 T 恤衫，上面印有你最喜欢的运动队标志和汗衫（假如你就读于密歇根大学或者南加州大学，也许上面还有该校的运动队标志），即使是在工作岗位上，也不惜穿着休闲懒散的那种。

• 你或者是一个喜欢衣着讲究的受虐狂，宁愿每天不厌其烦地选择特定的"行头"，而不是享受与大众同流的轻松和一成不变，即穿同样的外衣、裤子和衬衣等。

如果你是这两个极端中的任何一个，请考虑以下几点。

第一，正如以前和将来所说的那样，西服代表的是职业人士的传统服装。身着西服的职业人士是客户心目中理想的职业人士形象，西服是让你看上去最绅士的最简单方式。也许有一天，如一百年后，就没有人穿西服了，因为那时

2　大卫·鲍伊（David Bowie），《叛变者》（*Rebel Rebel*），《钻石狗》（*Diamond Dogs*）专辑 (RCA Victor，1974 年)。

3　布莱克曼是《百年时装插图》《男装百年》和《时尚百年》的作者。

的时装业会成功地将男性偏好的指针转移到其他产品上去。但是，职业人士先生，你不会是这场运动的第一波，你不是先锋派，你也不会是"那个时髦的家伙"。第一个吃螃蟹的人不免会被人吃掉，总是鲜血淋漓。让那些不在乎自己职业生涯的人去引领这个潮流吧，或者让那些本身就不是职业人士的家伙们去承担吧。

第二，正如我们将在下面讨论的，西服有一个奇妙的功能，那就是它可以隐藏男性身体的某些缺陷，并能最佳呈现男性的形体美。由于它诞生于新古典主义复兴时期，身着西服男性的外形会酷似古希腊运动员大卫，具有倒三角形的健美身材。我敢肯定，这样的外观仍然是健康和健美的，特别是对于那些动脑而不动身体、整天在办公室工作的人来说。如果你不确定，请问问你的太太（或者你的私人教练，如果你有的话）。

第三，正如我们将在下面讨论的，除了 Garanimals 这样的婴儿装以外，西服也许是最容易让人接受的穿着方式，对任何男人来说都是如此，包括那些并不在意自己穿着的人。所以，那些懒惰的"勒德分子"和时尚的孔雀先生，听我说一句，来吧，穿上西服吧！不难，如果是量身定制，实际上穿起来还是相当带劲儿的。假如有帮助的话，我甚至会高呼"Go Blue！"或高喊"向特洛伊致敬"[4]。

历 史

设计师奥利弗·泰斯肯斯（Oliver Theyskens）将具有古典风格的事物描述为"美好与中庸的"，即有文化标准可循的东西，而西服就属于其中之一。现代商务套装的史前历史实际上颇有几分传奇色彩，严格来讲，它的起源与法律有关。作为一名律师，我非常喜欢这个传奇。事实上，直到 17 世纪中叶，某些禁止奢

4　"Go Blue"是密歇根大学"金刚狼队"球迷常喊的加油口号，同理，"向特洛伊致敬"则是南加州大学的足球比赛中球迷齐唱的助威歌曲。

侈着装的法律[5] 都对平民在法庭上的穿戴有明文规定，尤其是对服装的颜色和布料都有禁止条例。我不是说禁止其在法庭里面对法官的穿戴，而是指在皇室面前（不过在当时，皇室就等同于法律）。因此，从颜色上讲，紫色绝对是皇亲国戚的专用；而像天鹅绒、绸缎，以及精致的皮草等面料，都是为不同等级的朝臣保留的，有时甚至只供王室成员使用。然而，自 17 世纪中期以来，英国历经了多次较大的社会动荡，英国国王查理二世认为官员颇为奢华的装束还可能成为政治动荡的诱因。于是，他颁布圣旨，规定文武百官一律穿颜色较为含蓄柔和的服装上朝，你会发现一些较为柔和的颜色，就是当今最基本的正装颜色（深蓝色和灰色）。从此，宫廷秩序焕然一新。

　　然而，长袍、马裤和长筒袜花了很长一段时间才从今天的服饰标准中消失。对于这场时尚革命，我们必须感谢一位影响力巨大的人，他就是乔治·布赖恩·布鲁梅尔（George Bryan Brummell），又名"博"（Beau）。这个标志性的时尚人物便是摄政王子，后来的国王乔治四世的朋友。布鲁梅尔顶风逆水，他完全摒弃了时尚界当时推崇的模式，选择了低调，但是剪裁合身、量身定制的服装。布鲁梅尔偏爱深色外套和长裤，但是它们的剪裁做工几近完美，干练整洁。作

5　禁止奢侈着装法 (源自拉丁文 Sumptuāriae lēgēs)，意为试图管理规范许可的消费。《布莱克法律词典》将其定义为："为限制奢侈或铺张浪费，特别是针对服装、食品、家具等方面的过度开支而制定的法律。"

为现代男装规范化的领路人以及男装时尚（佩戴领带）的倡导者，他真是功不可没。[6]

具有讽刺意味的是，现代西服（作为套装，其中包括夹外衣、背心和裤子）的缘起根植于（19 世纪末）人们从事休闲活动中所穿的休闲服。在此之前，银行家和律师们所穿的条纹裤子和双排扣长礼服是唯一可以被人们接受的工作服。今天在英国以外的地方，你看不到人们如此着装，也不会在一些小型亲英的聚会上看到人们如此穿着。现在，它们成为极其正式的着装方式，但只适用于某些特殊的社交场合，不适合商务场合穿着。所以，如果你觉得自己穿的商务套装太过了，那么请不要忘了，就在几百年前，男人基本上都穿着同样的衣服在家里走来走去。加油吧！

正如设计师斯特凡·米尔贾尼奇（Stefan Miljanic）所言，西服是这样的一种物件，即"它是文化时代精神的一部分，由于其自身的多样性和普适性，它成功地登上了人类服饰文明的顶峰，并在相当长的一段时间稳居在那里"。虽然在许多正式的商务场合中，职业人士还没能找到任何可信的替代品，但是随着商务休闲装的到来以及男性对时尚的欣赏程度的上升，一直有人大胆鼓噪，甚至预言西服迟早会行将就木。[7] 当然，时间会告诉我们答案的。

在我看来，对于男装命运的可怕预测，可以用一个简单的经济学视角来做解释。男性时尚业的市场规模正变得越来越大——至 2019 年有望达到 400 亿美元。[8] 毫不奇怪，在过去的一个世纪里，女性时尚已经成为一种全球现象，男装的发展有一些女性时尚发展相似的标志性特征正在显现。也就是说，时尚必须

6　伊恩·凯利（Ian Kelly），《博·布鲁梅尔：终极花花公子》（*Beau Brummell: The Ultimate Dandy*）（伦敦：霍德与斯托顿出版公司，2005）。

7　凡妮莎·弗里德曼（Vanessa Freidman），《银行家不需要制服》，《纽约时报》，2016 年 4 月 21 日。凡妮莎·弗里德曼，《迎合憎恨西服的人们》，《纽约时报》，2016 年 4 月 14 日。

8　巴克莱银行 2016 年 1 月的一份报告显示，2015 年全球男装市场增长率为 24%，并在 2019 年有望达到 400 亿美元。

不断变化，而消费者必须不断购买新产品，以免自己显得脱离时尚。[9]尽管这纯粹是一个经济学视角下的论点，但它也解释了为什么我们会听到这么多时尚专家宣布西服的终结。我才不信呢，真的！

西服的制作工艺

和皮鞋的制作工艺一样，西服制作过程也充分体现了服装设计与制作的绝佳手艺，尽管大部分的卓越技艺都是不为人知的秘密。我们从西服上衣开始吧：大多数西服上衣包括西服的面料、辅料，毛衬是紧贴衬衣的内里，中衬则有助于保持上衣外观的平整、挺括。西服上衣的工艺是基于中衬是如何上衬的，以及它是由什么制作的——粘合衬还是手工缝合衬（又称毛衬）。

一般来说，粘合衬工艺是批量生产西服的现代工艺，此类西服的外面料与内衬之间有一个中间衬。先把这个中间衬加热，然后粘贴（我认为是粘合——没错！）在西服的羊毛面料大身衬的前片和驳头上。粘合衬工艺使上衣更加挺括，但不一定适合你。

粘合衬不好的上衣看上去僵硬、死板，穿着这样的上衣显得宽大臃肿，而不是贴身舒适。尽量不穿。此外，粘合衬还可能导致里外衬分层，造成可怕的气泡（这种气泡会使羊毛面料大身衬和中间衬之间产生空隙）。随着时间的推移，粘合衬的问题越大，如果常送干洗店干洗那就更是问题多多。一旦发生这种情况，这件上衣就算是废掉了，这套西服也就随之废了。粘合衬工艺制作的西服上衣通常是便宜货，但也有例外，下面仅列举几个品牌的名称（我无意冒犯啊），如Hugo Boss 和 Armani Collezioni 等，它们在各自的高品位精品专卖店销售昂贵的粘合衬工艺西服。

---

9 纽约大学法学院教授克里斯·斯普里格曼 (Chris Sprigman) 与加州大学洛杉矶分校的卡尔·劳斯提拉 (Kal Raustiala) 共同在发表于《弗吉尼亚法律评论》（*Virginia Law Review*）（*Charlottesville*：2006）的论文《海盗悖论：时装设计中的创新与知识产权》中，将这一前提作为分析该行业的基础。Vol. 92，1687。

> "一小瓶希望和一小瓶痛苦，在灯光下，它们的面目却似曾相识。"
>
> ——Arcade Fire 乐队 [10]

　　一件手工缝合衬（也称毛衬西服）的西服上衣要好得多。具体地说，在西服外部面料和内衬之间有一层类似羊毛或马毛的衬布。虽然这层衬布是看不见的，但它有助于保持西服的挺括。最佳的做法是，手工将衬布缝到面料上，针脚要均匀，松紧适当，有"飘移的"衬布一说。其效果是，穿上这件上衣的你可以行动自由、轻松愉快。它能使西服的上身效果更加自然，给你的形象加分。随着时间的推移，如果你长时间穿带有这种衬布的上衣，且选配的衬布本身柔软富有弹性，它就会逐渐适合你的身材，因此，就会越穿越合身。希望这能让你在工作中长时间加班时，依旧感觉良好（当然，一定是在你穿着西服上衣时）。说到此，毛衬工艺的西服上衣悬垂更好、更耐穿，因此售价昂贵。许多西服上衣都是部分粘合衬工艺和部分毛衬工艺相结合，即半毛衬（Half Canvassed）。如果你在购买西服时不清楚，还请主动询问。每个人都是自己命运的工匠。[11]

　　西服上衣的肩部构造也很重要，是确定它正式程度的一个关键特征。大多数西服都会有某种形式上的垫肩。通常情况下，垫肩是由柔软的羊毛和一层衬布制成，它有助于西服的归拔定型；并适应肩膀宽窄不同的男性。垫肩还有助于着装者变得挺拔，特别是帮助那些身材瘦小者或者大腹便便的胖子改善身材的外形。垫肩可以增加肩部的宽度，因此可以帮助隐藏突出的腹部。早在 20 世纪 30 年代，人们就把肩膀处剪裁得大而宽，作为男子气概的象征。今天，宽大的垫肩会营造一种复古的外观，常常会用于西服上衣或长款、宽松的夹克外套。翘肩型（roped shoulder）垫肩（又称堆高肩）通常使用轻质材料制作，但是这样的设计会在袖子和肩膀之间有明显的分际线条（肩线），袖山凸起。这种西服的缝制工艺已经成为定制西服的风格标志，其肩部的效果略显僵硬、死板，与

10　出自歌曲《霓虹灯圣经》，《霓虹灯圣经》专辑 (Slag 出品，2007 年)。

11　此处原文为：Faber est suae quisque fortunae.

The Laws of Style: Sartorial Excellence for the Professional Gentleman

维多利亚时代的保守时尚相差无几。[12]

品牌须知

——

Sciamat：Sciamat 成立于 2002 年，由一名叫瓦伦蒂诺·里奇（Valentino Ricci）的初级律师和他的同事共同组建。Sciamat 产品的剪裁风格具有男性魅力。该品牌努力创新，深受真正鉴赏家的喜爱，现在 Barney 百货的 RTW 有销售。该品牌以"Sciamat 肩"而闻名，其实这也是翘肩型垫肩的一种——对许多人来说，堪称完美。它引领时尚，是对传统男性着装时尚的大胆定义。

Eidos Napoli：成立于 2013 年，是意大利著名服装制造商 Isaia 的一个副品牌，该品牌由 Antonio Ciongoli 设计。该品牌的西服是为那些充满青春活力的职业人士打造的，他们谙熟时尚，并敢于跨界，大胆游离于运动服装和定制服饰之间。品牌在前卫面料与西服之间寻求微妙平衡，既能保持尊严又能舍弃传统配饰的做派。它是绝对高端大气的商务休闲品牌。

Brunello Cucinelli：这个意大利同名品牌成立于 1978 年，销售成衣男装、女装和配饰。该公司总部设在意大利一座 14 世纪的古堡中，以致力于"新人文资本主义"而闻名，Brunello Cucinelli 将其年度利润的 20% 捐给其慈善基金会 Brunello 和 Federica Cucinelli，并给雇员支付比该行业平均工资高出 20% 的工资。Brunello Cucinelli 以诸多创新发明闻名时尚产业，包括 Pared-baclc 西服设计等，它致力于传统元素和自然面料的结合，并同时将经典特色融入时尚设计。

12　此种肩部样式也可以用微型褶皱来完成，这既保证了穿衣者更大的运动自由，也充分展现了服装制作的手工艺水平（肩褶是少数不能由机器大规模生产的制造细微之处）。

在诸多件西服里,我个人更喜欢那些非结构化(unstructured)的西服上衣(甚至到了我可以如数家珍的程度)[13]:没有衬里、垫肩和毛衬等等,这样的西服外套才穿得更加自然。由于不用垫肩,肩部的线条更加自然倾斜,肩部与袖山之间的分际线平滑自然。它可以使穿着者运动自如且舒适,更能体现穿着者的实际身材和体型。非结构化的西服通常是用较轻的夏季面料制成的,因为轻薄的羊毛面料以及棉和亚麻面料等更容易起皱,因此,用它们制作结构化(structured)剪裁的西服还是很有问题的。此外,拆除里衬,西服上衣显然是相当清爽了。然而,某些不那么传统的男装品牌提供非结构化的西服,其制作的面料种类更多,并使用了较为厚重的羊毛为原料。

棉毛纺纱

大多数西服都是羊毛做的,因为这种奇妙的面料具有很强的通用性。羊毛透气性非常好,适应性极强,无论冷热,都可穿着。此外,羊毛相对柔软,作为纺织品原料柔性极好,因而穿着舒适、贴身。再有,羊毛比较抗皱,无须太多打理看上去也非常高大上。主要有两大类羊毛加工产品(或纱线):(1)精纺羊毛(Worsted,一种用精梳长毛绒纺成的细纱线),其中纤维在纺纱前便织合在一起了;(2)粗纺羊毛(Woolen 或 Plain wool)不将纤维纺成纱线。两种纱线可以通过多种方式编织,或用来生产花呢、法兰绒、羊绒、美利奴羊毛和精纺毛料,在此我仅举几个例子说明。[14]

除羊毛外,棉也是常见的西服面料。棉的透气性极好,也相当柔软,适合在一年中冷暖之交的月份里穿。然而,棉往往很容易产生皱褶。从价格上讲,棉料西服更便宜。有些人更喜欢厚重的棉料或羊毛/棉混纺面料,因为这样可以

---

13 让·帕米里(Jean Palmieri),《工作中:道格拉斯·汉德律师推动定制服装的发展》,《女装日报》,2017 年 7 月 27 日。

14 羊毛和羊绒混纺的西服总会有那么一种不招人待见的光泽,非常外显、不含蓄,一般不适合职业人士。

更好地保留西服的挺括。就我个人而言，我选择棉料西服只是为在温暖的气候条件下穿，而（羊）毛料西服基本上能满足我的各种着装需要。

亚麻布是一种超轻薄的面料，透气性非常好，缺点是像棉一样容易起皱。令人讨厌的是，亚麻西服不耐脏，如果要当作商务服装来穿的话，需要经常干洗，以保持外观的清新和清爽。

其他面料还有涤纶（由合成材料制成），很明显这是一种质量较差的面料。对于职业人士来说，涤纶（甚至涤纶混纺面料）西服是不可接受的选择。这种布料不透气，即使是在气候最为宜人的条件下也会令人感到不舒服。此外，涤纶的垂感极差，表面还有亮晶晶的光泽，使用这种面料所做的西服显得非常廉价，事实的确如此。天鹅绒和丝绸是制作西服的其他面料，虽然质地很好，但更适合正式或盛大的社交活动，因而不适合商务场合的职业人士。

所有的西服面料都可以做成各种重量，以满足一年四季的面料需求。如何选择取决于你喜欢穿的面料是重是轻。下面是从最轻到最重的几种面料的简单分类：

•7 ～ 9 盎司：这是目前你可以找到的最轻的面料重量，是职业人士在比较炎热的月份，或像迈阿密、迪拜或曼谷等亚热带城市的理想着装。

•9.5 ～ 11 盎司：这个重量最好是过渡季节穿（如早秋、晚春），即天气既不是太热，也不是太冷的时候。这个重量在洛杉矶或悉尼的大多数日子都是恰到好处的，在巴塞罗那也是如此。

•11 ～ 12 盎司：中等重量。这是最常见和多用途布料的重量，一年到头都可穿着的完美选择。开始的时候拥有这种面料的西服是积累正装西服的良好开端。

•12 ～ 13 盎司：这是重量排行第二的面料。这是秋冬两季的体面选择，但如果是夏天穿就太不可思议了。不过假如你的大部分时间是在阿姆斯特丹、蒙特利尔或伦敦居住，这个面料重量还是不错的选择。

•14 ～ 19 盎司：这是目前能够找到的最厚重的西服面料。它们很重，但是很容易剪裁，适合在秋天和冬天穿着，特别适合在哥本哈根、莫斯科和冰岛等寒冷的地方穿。

体型与轮廓：
消除缺点，突出优点！

匀称的男性身体比例会完美地体现西服的线条美，而不是破坏它。西服几乎覆盖了你的全身。从尽量减少体型缺陷和最大限度地突出自己体型优点这个角度说，西服的"美图"效果可谓惊人。一套剪裁合体的西服可以改善你的体型并使其更加完美。

它可以使你的轮廓变得更加具有运动感，高大、魁梧与修长。这是所有把西服当作标配的男士的最大红利。它把大多数人的体型变得匀称、庄重，而不是某种超比例的"高大上"。

"死亡无所惧，但败而屈辱存活，则每日都是死亡。"

——*拿破仑·波拿巴（Napoleon Bonaparte）*

对于那些想要形象高大、被人关注、被人仰望，更想要高谈阔论（或者至少看来如此）的矮个子职业人士来说，细条纹西服的垂直线条有助于实现这个小目标。西服可以是单扣的，其领口在胸部形成一个深"V"形，从而给人留下上身修长的效果。

"我想走这样的路线，
因为它能带来全方位的满足感。"

——*乔治·华盛顿*

对于身高较高的职业人士，身高有时不免会让他感觉笨拙，甚至有点显眼（尤其在河内市的某部电梯里），如果他想显得稍矮，西服上的横条纹和大格纹印花设计会有助于在视觉上降低他的身高。西服可以是三扣的，这个版型的西服尽量减少了胸部的"V"形空间，更加适合他的身高，他的身高在视觉上也随之降低了。此外，带卷边的裤子也会起到降低身高的视觉效果。

"在科学的帮助和高超技能的引导下，矮小凡人的手臂，
尽管瘦弱，但是仍能克服巨大的困难。这无疑会使旁观者感到惊讶。"
—— *国王亨利七世*

对那些想让自己看上去较瘦，或者自感肥胖、大腹便便的职业人士来说，藏青色单排扣双扣西服不仅统一了颜色，而且肩膀处的宽大垫肩也有助于从视觉上减小他的腰围。打褶的裤子（指裤腰到大腿处有几道大褶的裤子）与背带一起穿着会增加空间感与舒适度，但切勿再使用皮带（腰带），它会以一种让人非常不爽的方式收紧你的腹部，将其一分为二。

"如果我们期待他人或其他时间，改变就永远不会到来。
我们一直期待着自己，我们自己就是期待的变化。"
—— *巴拉克·奥巴马*

对于那些身材苗条的男人我们不会心存同情，因为现在许多服装都是按照

他们的身材剪裁的。但是，如果一位瘦溜的职业人士想要看上去更有涵养，更加高大上，而不是瘦小枯干，一套双排扣、带格子图案的西服即可满足其需求。双排扣可以使人看上去肩宽体阔，同时干净利索。格子的横向线条也有助于让人看上去高大。这时堆高型垫肩能锦上添花。

这种"身体"意识是不应给予冷眼的。清楚自己的优缺点，可以帮助你更好地克服后者，发扬前者。俗话说，人靠衣装马靠鞍。而时尚大咖格伦·奥布赖恩（Glenn O'Brien）也有言在先："有些人穿西服貌似更加强调合身，而我们在脑海中也注意到，这些人都是年轻的阿尔法，意思是说他们将是企业未来的接班人，因为没有虚荣心、无法在镜中感知自己的男人注定是游手好闲的寄生虫。"[15]

风格与建议

西服的款式多种多样，其中许多款式（但绝不是所有的款式）都可以用作商务正装。在风格选择方面，很明显只要严格遵守"男士着装法则"即可。如果你正准备买第一套西服，或"投资"第一套定制西服的话，就请从基本款式入手。我的一位客户，男装设计师杰夫·哈莫斯（Jeff Halmos）告诉我，他的个人风格是"重复、简单、舒适、休闲和定制"。这种个人风格的信条应该成为大家着装的基本指南。这种风格的西服也是我们的"标配"套装；可作为你每周必穿的通勤装"四大件"（"基本款四大件"）。

15　格伦·奥布赖恩，《如何成为男人：现代绅士着装风格与行为指南》（纽约：Rizzoli，2011）。

The Laws of Style: Sartorial Excellence for the Professional Gentleman

灰色法兰绒，深蓝色条纹，
木炭细条纹，藏青色细条纹

　　纯灰色精纺羊毛套装，从中灰色到深灰色，都是正装场合的绝配。我曾绞尽脑汁，尽量想出一个不能接受这样的西服的场合，其实是徒劳的，因为无论是衬衣、鞋子和各种配饰等，一切都很容易与之相搭配。在大多数气候条件下，一年中的大部分时间都可以穿纯灰色精纺羊毛面料的西服。这是你必须拥有的基础款套装，绝对值得投资。同时你也应该精心打理它们，因为你穿着它们的频率也相当高。因此，始终穿一种甚至多种厚重度的纯灰色精纺羊毛面料套装未必是不明智的。不管怎样，都先订着吧！[16]

　　藏青色细条纹精纺面料的西服，其产品定位倾向于商务装，此外，从颜色上讲，它要比中灰色更深，因此也可以在夜晚的社交活动或商务场合穿着，同时仍能体现职业人士精明能干的风度。它也可以与几乎所有的衬衣（因为西服面料上有条纹，

16　过去，由经纪人执行的交易订单都会打印在长条形的纸卷上——一卷长长的纸带不停地打印出订单，并直接推送到交易大厅。当然，现在所有这些交易流程都是通过电脑完成了。

所以必须穿纯色的无任何印花、图案的衬衣遮压）、鞋子和配饰相搭配。这是另一个核心的款式风格，应该理性投资（建议你购买适合秋/冬季穿着的厚重面料，款式以双排扣为宜）。

深灰色条纹以保守著称，并且穿着对象主要以金融行业的职业人士为主。这样的着装使你看上去家财万贯，像个坐拥 10 亿美元的富翁（或者更恰当地说，10 亿美元委托你来管理是让人放心的）。这也是一个理想的晚会着装搭配，也可以穿着去参加较为正式的活动。最好搭配黑色的皮鞋和腰带，因为棕色与炭灰色或深灰色搭配会显得有点乱。

藏青色密织精纺羊毛西服可以使你所穿的衬衣颜色更加多样化，因为它不受任何细条纹的妨碍，你可以将任何带有条纹、格子的衬衣甚至各种素色衬衣与之搭配。由此可见，藏青色精纺羊毛西服可谓商务和非商务场合的百搭极品。即使是商务休闲场合，不系领带也会显得非常亲切。当然，切记不要用西服上衣替代蓝色休闲外套（通常称其为 blazer）。一件 blazer 不仅仅是一件普通的蓝色西服上衣（下文将讨论这一点），因此，用西服外套作为其替代物就会显得尴尬。

最基本的"四大件"是绝对的必需品，对你的衣着至关重要。每一件都应是低调含蓄、专业而质地优良。遗憾的是，它们几乎不被看作男士着装的基础服饰。如果你第一次购买"四大件"中的任何一件，一定要购买那种四季通用

The Laws of Style: Sartorial Excellence for the Professional Gentleman

的面料[17]。每一位职业人士都应该拥有这"四大件"，它们应该是必备品。投资于这样的服饰是你的最佳选择。穿着"四大件"足以让你增色，仪表堂堂，在此，无论我如何强调它们的重要性都不足为过。

法则 18

职业男士衣柜中的四套最高品质西服应该就是传统的"四大件"。

在考虑购买第五套西服之前，例如购买一套重量较轻的夏季亚麻套装（许多人称为"骨头色"的非白颜色，或一套在射击派对上看起来非常酷的深褐色和鼠尾草色西服）之前，你服装预算中的很大一部分应该已经花在"四大件"上了。其实我希望你能拥有高品质的西服"四大件"，因为穿上这样的西服，你会看上去更加优雅、能干，而且非常自信（尽管这"四大件"的价格可能会让你的预算超支）；而不是由于预算有限，购买十来套杂牌西服，原因是你穿着哪一套也不显得才干出众，请相信我这是稳妥之举。尽管"四大件"听起来不是个大数，但也不像大家所说的你只有四套西服。你可以通过衬衣和领带 / 口袋巾 / 配饰的不同组合，与"四大件"搭配穿着，使你看上去风采无限。

修改你的套装

"穿上旧衣服便不体面，那此人不可信。"

——托马斯·卡莱尔（*Thomas Carlyle*）[18]

17　再说一遍，9.5 ～ 12 盎司（285 ～ 360 克）应该适合所有季节穿着。以下数据仅供参考：14 ～ 19 盎司（即 420 ～ 570 克）被认为是少有的 / 重量级面料，12 ～ 13 盎司（360 ～ 390 克）属于中重量级的，而 7-9 盎司 .(210 ～ 270 克）则被认为是轻面料的。

18　托马斯·卡莱尔是苏格兰社会评论员，生于 1795 年，以"英雄在历史上的首要地位"的论述而闻名。见《论英雄、英雄崇拜和历史上的英雄业绩》 [伦敦：詹姆斯·弗雷泽（James Fraser），1841]。

你们中的一些人可能会问自己："太好了。我懂了，我会尽可能把钱花在'四大件'上，但是工作第一年我的工资负担不起未来四年的花销，或者现在，我是否应该用质地更好的西服来代替现有的好西服，并且不去尝试其他风格了？"问得好，真是 A+ 的优等生了。不过我的回应是把那些老旧款式的西服修改一下。

对于那些可能很难买到第二套剪裁传统的蓝色细条纹西服的人来说，我有一个既经济实惠又有趣的小窍门，因为你已经买了一套（事实上你工作不久就买了，而且你现在买得起剪裁更加合体、衣料质量更好的款式）类似的款式，那就把它修改一下，以此区别旧的款式。最简单和最显著的方法，在大多数情况下，也是最便宜的，就是把西服上的纽扣（这些纽扣很可能与西服本身的颜色相同）完全换成另一种颜色的纽扣。

我把白色纽扣放在浅灰色西服上，棕色木制纽扣换到深蓝色细条纹西服上，暗红色纽扣（和细条纹一样的颜色）移到炭灰色细条纹西服上。虽说我不经常穿这些西服，但每当穿上的时候，那是一种多么令人愉快的回忆，因为与之相随的是一段有关穿衣的奇思妙想，就像给我高中时开的老爷车换了一台崭新的发动机，使其摇身一变，成了经典的热门车型。

其他的选择包括改变外套的衬里，或倒转袖口，甚至添加肘部的补丁。我知道，如果你遵守规则，这个补丁是不应该出现在西服上的。

那些担心自己西服保有量太小，因此专注于购买价格低廉、多种款式西服的职业人士肯定是没有希望的。因为虽然他的西服件数可以成几何数字增长，他的外表也千姿百态，但是其中肯定会少有经典形象。这是因为，他所积累的服装必备基本款太少，呈现的品相也很差劲，其主要原因是他的西服都是便宜货。所以，虽然他可以在春光明媚的一天穿出一套时髦的法国蓝色（这是四月早晨出行的完美颜色）西服，但这套西服很可能不合身，不讨人喜欢，甚至可能是

The Laws of Style: Sartorial Excellence for the Professional Gentleman

做工不佳的典范。对于预算紧张的人来说，虽然精神可嘉（即在不同场合与不同温度下穿不同季节的西服），但是如同他的穿着，他看上去依然向上却又很廉价。最好还是回避这种做法吧。

超越"四大件"

老实说，除了基础的"四大件"之外，职业人士（受气候影响）最好还应配置相同颜色和不同重量、剪裁上乘的西服。因此，在冬季或较冷的气候中，适合穿着较重（高织数）的款式；夏季和较温暖的气候则换成重量较轻的款式。[19]也许更有趣的做法，当然不是浪费资源，是获得相似的颜色，但剪裁样式不同的西服。例如炭灰色细条纹双排扣上衣，你可以尝试单一纽扣的（是的，一些品牌仍然在生产单个纽扣的西服）或三个纽扣的（不是很多，除非你是高个子，正如前面所说）"四大件"。[20]或者三件套版的，或者在裤脚上加翻边，或者打个褶裥，或者试试高腰版。另外，如果你总穿传统的英国版型，那就试一试意大利版型，比如以下这些品牌：Brioni、Ermenegildo Zegna、Caruso 或 Attolini。

品牌须知

Brioni：法国 Kering 公司旗下的一家男装时装公司，1945 年在罗马成立。1952 年 Brioni 成功举办了第一场男装时装秀并因此享誉时装界。（其他男装品牌要么因此感谢他们，要么因此诅咒他们。）Brioni 以其男士定制西服、工艺精湛的成衣和皮革产品而闻名，已成为娱乐界、社会机构和商界人士的打卡品牌。它的第一家专卖店开业后不久，便受到演艺界大咖、国家元首和商

---

19 重申一遍：14 ～ 19 盎司 (420 ～ 570 克) 被认为是少有的、特别重的面料，12 ～ 13 盎司 (360 ～ 390克) 属于中等重量级的，而 7 ～ 9 盎司 (210 ～ 270 克) 则被认为是轻面料的。

20 在大多数情况下，比三粒扣款式更好的是三眼双扣的款式。（最上面一个扣眼在 V 领领口上，最上面那颗永远不扣）。

界领袖的青睐。1985 年，Brioni 创办了一所裁缝学校，并不断推出新的剪裁版型、大胆的色彩和创新的面料，从而保持其"独一无二"的品质。在一场晚宴上我偶遇这家公司的首席执行官，听他高谈阔论，谈面料、缝制，简直就是一场关于细节和质量的大师布道。

Caruso：1958 年在索拉格纳成立，这家意大利设计公司最受意大利男士欢迎。全世界各地名人的运动服都是在 Caruso 公司初创时的工厂里生产的，充分保证了"意大利制造"优雅的版型和优良的面料。Caruso 以生产正宗意大利款式的西服而自豪，其质量和工艺受到全球时尚男士的赞赏。该品牌在纽约市开设的旗舰店充分体现了其西服的国际吸引力所在。

Attolini：那不勒斯设计师文森托·阿托利尼 (Vincento Attolini) 是男装发展史中的先驱。1930 年，他缝制了一套前所未有的西服，其全新的外形设计感突出了该版式的造型和运动特点，与标准的英国西服截然不同。阿托利尼设计了一款非常简约，但又优雅、舒适的轻质薄西服，它被时尚爱好者称为西服"夹克"（Jacket，指非正装款西服上衣，它与 Suit 相对应，Suit 是成套穿着的，Jacket 是可以单独穿搭的西服上衣）。阿托利尼彻底改变了男性的时尚，甚至吸引皇室贵族穿着他设计的精巧而帅气的西服。今天，Attolini 销售的西服既是意大利的，也是国际化的。如今，Attolini 西服仍然采用"手工制作"，并一直以早期的 Attolini 的优雅和成熟独领时装界之风骚。

除了基本款"四大件"以外，你还可以考虑不同颜色和宽度的细条纹款式。红色、法国蓝色、又细又紧的条纹，以及相距较宽的粉笔条纹等都是可选的。所有这些变化看起来非同寻常，同时你的衣柜也会迅速爆满，增加的许多额外元素（如衬衣、领带和各种配饰），相互百搭、和谐共处。

如果这些听起来都是蓝、灰色的搭配的话，那你的选择就绝对没错。因为蓝色、灰色套装是职业人士的绝配。穿着它显得你能力非凡、优雅大方；你看上去就像一个职业人士，堪称能力和优雅的化身。但是，一旦有了最佳呈现自己身材的"四大件"之后，你便可以拓展对各种款式的西服的尝试，要么是满足自己异想天开的一面，要么是满足针对不同季节具有"极端"吸引力的那些款式的渴望。正如设计师卢博夫·阿兹里亚（Lubov Azria）[21] 所描述的那样，你可以成为"有远见的鉴赏家"[22]。但是,你应该争取具备哪些特质呢？在"男士着装法则"的范围内考量，只有你清楚什么最适合你。经典，微妙，多姿多彩，阳刚，优雅，诚实，充满活力，简约大气，老爷范，波西米亚风，书生气，强大，嬉戏，性感，预科生风格，西方，东方，异国情调，干净，中庸。做你自己！（但是记住，一定要在"男士着装法则"范围内行事，先生们，千万要依法则行事。）

品牌须知

—————

Anderson & Sheppard: 安德森和谢泼德是英国萨维尔街的裁缝，他们的历史可追溯到 1906 年。Anderson & Sheppard 西服设计追求飘逸感，使穿着西服的男性变得更加具有动感。这也是大多数英国职业人士的着装追求所在。Anderson & Sheppard 西服有着倾斜的肩膀、柔软的轮廓以及经典的英式夹克装，它重新定义了服饰之美，特别高贵。

P Johnson：澳大利亚品牌，成立于 2008 年的悉尼，现在墨尔本、纽约和伦敦设有专卖店。为了能够给职业人士制作优雅和有品位的西服，极大提升西服所代表质量与价值，P Johnson 提供了一种独特的方法。意大利传统西服缝制方法强调面料的轻盈和版式的创新结构，凭借此优势，P Johnson 套装

---

21 卢博夫是马克斯·阿兹里亚（Max Azria）的妻子，多年来她一直为 BCBG 做设计。信息披露：BCBG Max Azria 是 HBA 的客户。

22 美国时装设计师理事会，《追求风格：来自美国顶级时装设计师的建议和思考》(纽约：Harry N.Abrams，2014)。

起价约 1500 美元。

Hickey Freeman：这家美国西服制造商总部设在纽约的罗切斯特，成立于 1899 年。Hartmarx 公司于 1964 年收购了该公司。雅各布·弗里曼（Jacob Freeman）和耶利米·希基（Jeremiah Hickey）两位年轻企业家创建了这家公司，他们希望把高质量的手工剪裁的西服带给全美国的时尚男性。正如他们所期望的那样，一套 Hickey Freeman 西服是手工工艺的精湛艺术性和现代技术稳定的完美结合。这是为职业人士设计的时尚而得体的西服。

接下来，让我给大家提供一些实际的建议吧。除了基本的"四大件"之外，还有一些可能适合职业人士的更有异国情调的西服，包括以下几个方面：

- 深绿或橄榄绿西服
- 泡泡纱西服
- 灰色或深蓝色的方格子西服
- 法国蓝条纹西服
- 花呢三件套西服
- 黑色西服（燕尾服）[23]
- 牡蛎白西服

在这些西服原型上还有很多其他的变种，但相信我，他们不会穿红色西服，不会穿橙色西服，不会穿带有细条纹的浅色衣服，也不会有很多其他款式的西服。仅仅因为衣服是西服，并不意味着它适合在商业环境中穿。许多球场边的例子

---

23 我认为燕尾服是正式的着装，但不适合在商业场合穿着，因此我没有专门利用一章介绍它。然而，如果是慈善福利或有客户（或潜在客户）出席的活动，以及其他社交场合，那么对于职业人士来讲燕尾服则是非常重要的。

显示，受伤的职业篮球运动员坐在板凳上所穿的颜色艳丽、搭配毫无章法的西服并不代表职业人士的风格。不，这是那些离场、受伤、年轻、体能超强，但是经常被误导的职业篮球运动员的风格。这个年轻人不需要客户。如果他是一个公认的明星，他一年赚的钱可能比你们中的一些人在整个职业生涯中赚的都多。他所关注的和你所关注的完全不同，借鉴他穿衣戴帽的经验会让你迷失方向。让"四大件"作为你的指导，不要偏离正道，除非"男士着装法则"强迫你在生意场合或其他特殊场合这样做。

适合和剪裁：
一种自上而下的方法

很少有职业男士拥有如此身材，能够不需要去裁缝那儿做些修改就能穿休闲西服的。让我们从你和裁缝的关系开始吧。根据我的经验，实际上，很少有职业人士或男士能叫出一个裁缝的名字。这是大错特错的。

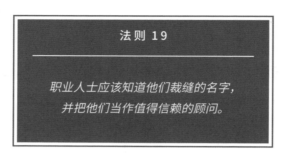

法则 19

职业人士应该知道他们裁缝的名字，
并把他们当作值得信赖的顾问。

你的客户很可能知道你的名字，因为你为他们履行了重要的职责。裁缝和你的关系也是如此。因此，你也应该知道你的裁缝的名字，并与他们拥有开放的、双方都认同的关系。

"现在我和我的裁缝有个约会，谢谢你让我这么直率。"

—— *乔·杰克逊（Joe Jackson）[24]*

定期给你的裁缝小费，记住他们的生日。[25] 还要注意，如同律师助理不是律师一样，或者化验员不是医学博士一样，缝纫师（做针线活的师傅）不是裁缝（成衣工）。此外，除非你计划从同一地点购买所有的定制服装，否则和你打交道的独立裁缝绝对不应该在零售批发这样的小店与你做生意。

所谓合体的基本规则相当简单。一切都从肩膀开始，然后依次往下。西服夹克（上衣）的肩部应平直，接缝处应在肩膀自然下垂处。如果这个关键的接缝缝得太高或太低，整件夹克就会显得松松垮垮。所以，如果你想买一件夹克，

---

24 乔·杰克逊，《看上去很时髦》(*Look Sharp*)，出自同名专辑《看上去很时髦》(A&M, 1979)。

25 如果你能记住这样做，请在这个日期（他的生日那天）给他们一张漂亮的贺卡，或者至少带上小礼物或小费拜访他一下。

The Laws of Style: Sartorial Excellence for the Professional Gentleman

114

而肩部贴合做得马虎大意，你也应该把这件夹克放下，然后继续挑选。修改肩部是西服上衣修改中最难的部分，牵一发而动全身，因为其他部位也同时需要进行修改。

西服夹克的领子应自然而平直地贴靠在衬衣的衣领上。领子太松就会显得松懈，看上去邋遢，如同野兽戴上了沉重的枷锁。如果衣领太紧，它会在西服的背部形成卷曲的皱纹，看上去同样不舒服。无论太松还是太紧，你的西服曲线都会被破坏。领子不合适通常是由于西服夹克其他地方的缝制出现问题而造成的，而通常这个问题出在肩部。因此，这个部位的修改是比较难的。[26]

关于西服夹克的整体外观，请注意，站立时穿着须系上扣子，坐时须解开扣子，以上两种方式都可以检查西服是否合体。纽扣应系紧，这是毫无疑问的，但是系上衣扣也不应该让衣料有拉扯感。（一个好的检测办法是）系好扣子后，把你的手（或者是一个非常亲密和英俊的朋友的手）插入翻领下的西服内里，然后用手罩在你的胸脯上，假如此时西服外表面料没有拉扯感那就对了。

就夹克的长度而言，如果你的手臂靠在身体的两侧，夹克的底边应该与你的手指关节平行，这个身长应该是够了，足以覆盖你的臀部。但某些品牌会有衣长较短的版型。偏为英国式版型的夹克衣长稍长，它可以完全覆盖你的臀部。纽扣的位置可以不同，但是传统的双纽扣西服夹克的第一粒纽扣应该与你的肚脐保持在一条线上，或者刚好在其上方。

较为运动版的西服袖孔都被剪裁得很高，但是在合身的版型中，它也可以被剪得相当低。这意味着每当你要手举过头的时候就可能遇到问题。[27]但我喜欢告诉自己（和我的同事），职业人士从不举手"投降"。所以不用担心。但是如果你发现自己在会议上经常有举手发言的冲动，那就请"低放"贵手，振作起来，直接发言就行了，伙计！放学了，伙计。一个职业人士只是简单地亮明自己的

---

26 如同某个兼并重组的冗长协议的一个当事方变成了复数一样（即销售方由一个变成多个），因为协议中所有对该方的提及，以及代词和其他引文而变成复数时，根据英语语言的功能，必然需要修改。

27 当你举手打车或挥手问朋友好的时候，请解开西服夹克的扣子。

观点或者直接提问即可，问得理直气壮但也尊重他人，他不需要别人来点名。

夹克的袖口应该在你的大拇指根或拇指与手腕之间的地方或刚好在其上方，这样才能保证衬衣袖口露出约半英寸（1 英寸 =2.54 厘米），以确保"衬衣袖口的亚麻"面料被人看到。修改袖长对裁缝来说是相当容易的，条件是袖口上的纽扣不是功能性的，而且袖子是太长而不是太短。如果袖口上有功能性纽扣，那么修改起来既费钱又费功夫。[28]

现在让我们看看裤子吧。你的腰围线刚好位于肚脐下方。这应该是人体中段最窄的部分，当裤腰系在此处，裤子是不需要腰带或背带来"维系"不掉的。裤腰的合适与否至关重要，在这个部位，万不可异想天开，随意修改。你可以解开纽扣，甚至脱掉西服，即使如此也不会冒犯他人；你还可以卷起衬衣的袖子，甚至在允许的情况下松开你的领带，但是作为职业人士，正式场合松开腰带是不允许的。[29] 腰带是最常见，但也是保持你的裤"姿"最不舒服的方式。坐在办公椅上，弯曲的身体还要靠一条皮带维系体面，这是一种奇怪的自我折磨方式，但是大多数男人都是如此。价位稍高一点的裤子往往会在侧面有调节宽松的配件或"裤带"（daks-straps），它可以在必要时调整裤子的腰围。背带也是一个不错的选择——下文有详解。

裤子的臀部位置无须多说，此处的面料应该是依照臀部的自然形状悬垂的。我并不是特别想详细了解你臀部的尺寸，但是如果你发现这个关键区域的面料是绷紧的，或者让你感到不舒服，那它就是太紧了。相反，如果面料看上去呈现出明显的凹陷，就意味着臀部松垮了，因此应该收紧。传统意义上裤腿部分的宽松给大腿处留出了更多的空间，然后在膝盖以下逐渐变细。苗条贴身的版型空间更小，如果你穿着时感觉太紧，那就应该回避这个裤型。[30]

裤子的长度决定了裤脚"卷边"（那个小"翻边"，即出现在裤脚快接触到

28　在这种情况下，袖子必须从肩部而不是从袖子上挽起。

29　如果你和你的同事们在这样令人遗憾的情况下见面，这甚至可能会被控告性骚扰。

30　有关穿太紧的裤子"抓取效果"（grab effect）后文会有与之相关的经验教训故事。

鞋的那个折叠层）的宽窄。裤子太长，看上去会有点邋遢；裤子太短，看起来你像要穿着它去下水田。受汤姆·布朗（Thom Browne）和他的"瘦子男孩"美学的影响，男人们穿裤子的时间变短了，以至于长裤看起来更保守，甚至有点过时。归根结底，裤子的长度不是为了时尚，更多的是"最佳展现"你的体型，体现个人风格。卷边窄会使身材矮小的职业人士显得更高，而对一个身高较高的职业人士来说，卷边宽会使他看起来更匀称。

为了我的钱不白花，我只需要一点点的"卷边"——"就像男装博客描述的那种令人颤抖的卷边"，即在裤脚与鞋面相接时，我的鞋面上覆盖的裤边不会总是显得皱巴巴的，而且确保我的脚踝不会总是从我传统的西服里显露出来。对于我那些非结构化的夏季和春季套装，我通常选择不做卷边。

品牌须知

Sartoria Solito：这个意大利家族企业成立于 20 世纪 40 年代。工作室位于那不勒斯的 Via Toledo No. 256，成衣只通过少数几个分销渠道销售。该品牌拥有那不勒斯人对柔软面料服装的偏好，他们的西服夹克有以下几个具有识别度的特点：高袖孔，无肩垫，最轻的衬里。所有的夹克都倾向于前面稍长一点。

Sartoria Formosa：马里奥·福尔摩沙（Mario Formosa）是那不勒斯著名的裁缝。福尔摩沙缝制的西服没有重样的，但它们都具备轻松舒适和简朴优雅的那不勒斯风格。Formosa 西服的特点是精致的手工制作工艺，轻柔的面料搭配，优雅的曲线。想想看，柔软自然的肩部，大多数时候没有垫肩，非常圆润的弧度线条，以及宽大翻领（又称驳头，lapel）向下延伸直至一个低扣点。Formosa 品牌西服属于定制，价格不菲，可以通过 No Man Walks Alone 网下单。

> Desmond Merrion：德斯蒙·梅里隆（Desmond Merrion）是萨维尔街上最著名的裁缝之一。但是，这些量身定制的精致英式西服却非常昂贵（想想"顶级定制"那五位数的价格）。所有工序都由手工完成，任何缝制阶段都没有机器接触服装物料，这绝对是制衣界的"高峰"。成衣看起来就如同依照人体作出的模板，其合身度可谓"天衣"无缝。

　　裤子也可以做打褶或卷边。如果是做了打褶的，它们也总是卷边的。但如果没有做打褶，（也许是）经销商的选择，你仍然可以做卷边。卷边会让身材高大者更好看，所以对于身材矮小的职业人士来说，你的无褶裥裤可考虑不做卷边。卷边会增加裤脚的重量，同时还会增加某些较轻面料的垂感。

　　在大多数情况下，无褶裥裤是最合适的选择。[31] 朴素的腰围线很时髦，为裤子的主人提供了一个更加清癯干练的轮廓效果。对整个西服的外观来说，这通常是一件好事。因为褶裥裤早已是明日黄花了，特别是日后出现了"修身版型"（slim fitting）的裤子。但是，褶裥是成衣制作中的传统元素——这种做法其实还是有充分理由的。（说到这儿）我想起曾经在我们律所为客户（一个男装品牌）和一个足球运动员（他的姓名隐去）以及他的顾问随从召集的一次会议，讨论的议题是他们认为这位运动员可为我这个客户品牌做几季（时装季，而不是足球赛季）代言人。我们的这位足球运动员当时的确英俊潇洒，他正在和一位当红女星谈恋爱，这是他的顾问为使他成为时尚偶像所作的一个广告。这一切都看似美好、充满抱负，甚至还很前卫。他穿着一套色系相配的灰色 Helmut Lang 西服和无褶裥裤。我不知道这是他个人的选择还是某个造型师的选择（造型师是少数作为顾问却未能出席本次顾问会议的人）。好吧，回到正题，我们的这位运动员既不是边锋，也不是跑垒的后卫；他是四分卫，是个相当人性化的角色。

31　以及所有不能当西服穿的裤子（例如，与休闲裤等搭配穿一件奇怪的外套）。

尽管如此，他那条修身的"健美裤"穿在身上还是紧得慌，而且由于没做褶裥，看上去效果也相当令人不安。会议结束后，我们从会议桌边站起身，此时他那条紧身长裤的"抓取效果"（布料绷紧久了，一下子收缩产生的抓纹褶皱）使他那条粗壮、饱满的大腿上的裤子起了皱，看上去像一片"涟漪"。这简直就是粗俗！事实上，这种粗糙设计简直令人费解，肯定不是赫尔穆特·朗（Helmut Lang）的设计初衷。

可以肯定的是，大多数身材较好的职业男士可以避免褶裥裤。平整的无褶裥裤更时尚，为身材矮小者提供了一个改善外观的机会。但是，对于身材高大的男性来说，无论是"肥肉男"还是肌肉男，褶裥都能保证不会破坏裤型。（设计）褶裥还代表了一种潜在的复古风尚。随着时尚的钟摆逐步摆脱了"修身"和偏短的剪裁的版型，它们正在时尚回归的路上。褶裥裤有单褶和双褶两种版型。请注意，这需要很大的腰围来填满双褶版型。

保养好你的西服

西服是一种投资，要好好保养它们。如果保养得当，西服甚至会"与你同在，与你同辉"。你可以把西服写进最后的遗嘱和遗嘱证明中——反正我是写了。

> **法则 20**
>
> *职业人士应将自己的西服保持在良好的状态，并倍加呵护。*

不要连续两天穿同一套西服，这不仅仅是一个时尚小贴士。如同你的鞋子，你的西服至少需要休息一天才能呼吸（指恢复到原有状态）。衣服穿完就立刻挂起来，尽量少干洗，干洗所用的化学物质会腐蚀衣料。因此，如有你自己可以用好的蒸气熨烫机或刷子刷掉的轻微污渍，那就亲力亲为吧。同理，如果只是一丝皱纹，没有弄脏，那就简单地熨一下，而不是（送去）干洗。（处理后）你的西服也许会变得有些生硬，但不会受到化学物质的影响。如果必须干洗，请明确具体的污渍处，以便干洗工注意到它。干洗的衣服送回后，把它从塑料袋里拿出来（塑料袋的透气性不好），然后立刻把那个带有衬纸的铁丝衣架扔掉，用木质的衣架替换。但是，如果你喜欢的话，也可以在里面垫上纸巾，还有那个承装夹克外罩，又不用扣上衣扣，看上去很酷的塑料袋。

衣服的存放非常重要。服装是供穿着的，而不是税表或公司会议记录，因此存放的方式肯定不同。存放西服套装肯定需要大量的空间，一般来说选择一个空气流通好的地方，空间大小要把握好，能够垂直立挂，不受下面储物的阻碍，因为这些储物可能会影响衣服的垂直立挂。

雪松木衣架能吸收水分，自身的气味还能驱蛾。蛾虫对西服有很大的腐蚀作用，它们通常会产下大约 100 个卵，一旦孵化，幼虫就会把一整套西服毁掉。樟脑球可以威慑飞蛾，但它们散发的味道强烈，且只有在密封的空间才能发挥巨大作用，比如封闭的西服袋。因为西服需要存放在透气好的地方，放在密封的西服袋中不是个好办法。但是有人告诉我，把干燥的薰衣草叶子放在密封香袋或西服口袋里，既能驱赶蛾虫，又清香四溢。定期清洁你的衣橱，经常打扫衣帽间会比使用任何雕虫小技都好。我当然不想在此像老妈子一样絮絮叨叨，但请尽量确保每年至少打扫一次衣帽间。

牢记那句罗马法格言：“不知法律不免责。”

8

衬衣之道

"书呆子以衣蔽体，有钱人或愚昧之人以衣妆饰自己，
文雅之人则穿衣打扮自己。"

——奥诺雷·德·巴尔扎克[1]

正装衬衣是你衣柜的中心，它与商务正装的三个主要组成部分——领带、外衣和裤子——密不可分。请各位把它想象成一个公司组织结构图上的整体控股公司。事实上，大多数职业人士通常在办公室里只穿衬衣（也就是说，不穿外衣，更别提背心了）。这使正装衬衣成为衣柜中最重要的部分。

历 史

现代正装衬衣是在 19 世纪末随着纽扣的出现而形成的，纽扣自上而下分布

---

1 巴尔扎克是法国著名的剧作家和小说家，也是现实主义文学的奠基人之一。出生于 1799 年的他，用这句话来保持与时俱进。

在衬衣的正面。（在此之前，衬衣就像内衣一样，从穿着者的头部拉上拉下，当然信不信由你，这都是世人皆知的常识。）我只是在这里嘲讽一下，希望这能让你们感到舒服一些。总的来说，作为职业人士，你现在大部分工作时间内所穿的正装，100 多年前被看作是休闲装。[2]

正如我们在上文简要讨论过的那样，直到 19 世纪末，白色的正装衬衣才是一个成熟富有的绅士的真正标志。这是因为任何形式的体力劳动都很容易弄脏一件白衬衣，只有有钱人才能频繁地清洗自己的衬衣，才能穿白衬衣并保持干净。虽然这已不再是事实了，但我们知道，对于大多数职业人士来说，"白领"已经真是"白领"了。在描述"白领犯罪"（White Collar Crime），如会计欺诈、内部交易和其他应受谴责的公司的欺诈行为时，甚至已经进入到法律词汇中了。

总的来说，适合职业男士的礼服衬衣的设计自 20 世纪以来很少有大的变动。当然，曾经也有人设计下摆不用塞进裤腰的衬衣，这些休闲衬衣的下摆被剪短，并在成衣的下摆处做了一条曲线。但无一例外的是，推出这些衬衣的品牌，比如以此类衬衣为主打产品的品牌 Untuckit，都承认这些衬衣是休闲款式的，而不是礼服衬衣。[3] 一般来说，你永远不会穿这样的衬衣，因为每次你穿礼服衬衣都要把衬衣下摆塞入裤子里，除此之外别无选择。我现在就制定一条法则，这是个不言自明的道理：

法 则 21

职业人士穿着正装衬衣时应始终把它掖在裤子里。

2　你甚至还可以穿着按今天的标准被看作是休闲的服装。湿滑的山坡上还发生了一次泥石流，但稍后会有更多。见第 10 章。

3　当然，不要把这类衬衣当作礼服来穿，它们也塞不进裤子里，因为这些衬衣最初也不是这样设计的。因此，当你试图看上去很休闲（这就是这些衬衣的设计目的）的时候，你可能看上去很时尚，而在试图看上去很正式的时候，你又会显得非常邋遢，这简直就是一个糟糕的组合。

20 世纪另一个值得注意的发展是胸袋的出现，这很可能是对三件套西服以及带口袋的背心（马甲）退出而作出的反应。所以，如果你穿的是三件套西服，请不要穿带胸袋的礼服衬衣。你也许可以在裤子上加个口袋。鉴于那支突出的圆珠笔或衬衣口袋里的其他物件"闻"着就像 IT 服务提供商或书呆子，最好干脆别买带口袋的衬衣。你整体的形象会更帅气，而且我很有信心你可以找到一个装钢笔、名片或小型计算器的口袋，在此之前你可能总想着把它们装在礼服衬衣的口袋里。[4]

我们的衬衣在面料和设计理念方面也取得了很大的技术进步，包括柔性衣领和无皱纹面料等，我们将在下面看相关案例，但是总的来说，礼服衬衣的款式在过去的很长一段时间里基本没有太大的变化。

领子：衬衣的基本特征

领子的形状和形式是每件衬衣的基本特征之一。普及的倒"V"字形衬衣领子总是指向你的脸部，使它显得更加突出。因此，衣领的样式与你的脖子和脸型保持一致非常重要，更不要说与你的领带结和夹克翻领的宽度相吻合了。关于衣领与你脸部的长度和宽度一致的说法是为了保持平衡。因此，如果你长了一张长脸或者面容憔悴，那就选一个较宽的领子，这应该是最好的选择。同理，如果你长着圆形的国字脸，选择较窄的领子是有道理的。同样，还要确定领子的实际尺寸与脸部的大小相对应。因此，如果你的头大，那也没啥，选一款较大的衣领。[5] 如果你的脖子很长，领子就应该更高。

剪裁是决定领子形状的一个参数，而竖起来的领子（恰当地命名为"站立"领子）和向下的领子（恰如其分地命名为"倒立"领子）之间的区别则是另一

---

4 请查看看第 12 章关于配饰的内容，可以把你的衣橱装饰得更加精彩。

5 如果你的头大，应该选大翻领。如果你的头小，应该选大尖领。明白了吗？

个参数。[6]

下面列出了一份旧式衣领式样目录。（这些衣领的名称都是以人名、地名命名的，为了便于读者理解和查阅更多资料，此处保留了原文。）

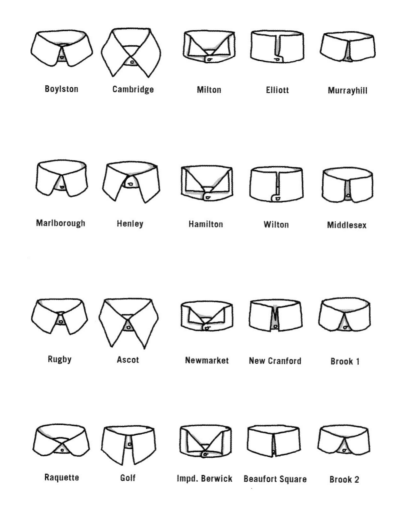

Boylston   Cambridge   Milton   Elliott   Murrayhill

Marlborough   Henley   Hamilton   Wilton   Middlesex

Rugby   Ascot   Newmarket   New Cranford   Brook 1

Raquette   Golf   Impd. Berwick   Beaufort Square   Brook 2

这些样式中的许多款式都已经过时了。立领几乎是不值得一提了，因为现

6　直到 19 世纪末，各种版本的立领一直很流行。后来立领逐渐被翻领所取代，而自 20 世纪 30 年代以来，立领通常只与燕尾服搭配。

在除了正式的礼服衬衣之外，几乎绝迹了。通常情况下，这些款式的立领只与无尾礼服（Tuxedo）一起穿着，但即使是这样的穿着场合也越来越少见了。我之所以提到这个现象，是因为就像一位优秀的反向交易者一样，我大胆预测在未来十年左右，立领将卷土重来。[7] 但是，千万不要过早地采用这种"来自过去的大高领"，如果你喜欢，就请你在成为合伙人或总裁的时候再穿吧。[8] 而年轻的初级银行工作者穿立领衬衣可能会让他在正式的商业场合中看起来更像个滑稽的喜剧演员。否则除非立领变得流行，如同两个世纪前一样常见。

品牌须知

100Hands：虽然这个荷兰品牌成立于 2014 年，但品牌根植于几个世纪的传统，对制衣工艺怀有深厚的热情和欣赏之心。制作每件 100Hands 衬衣需要 1.5 ～ 3 天的时间，由熟练的工匠们精心缝制，每件衬衣都要经过 100 名熟练工匠之手，才能最终到达顾客的手中。在其独特的生产过程中，工匠的传奇故事也被缝到衬衣里。100Hands 每年缝制的衬衣数量有限，每件衬衣都是真正的精品。

Eton：这个著名的品牌从 1928 年开始生产男式衬衣。Eton 的工厂和总部仍在同一地点——瑞典的 Gånghester——他们的第一批衬衣就是在那里生产的。Eton 是一家全球领先的衬衣制造商，它为职业男士提供现代的西服衬衣。这个品牌的衬衣可以在全世界最高端的百货店买到。

Gitman：该品牌的根源可追溯到 20 世纪 30 年代。Gitman 是美国为数不多

---

7 "当每个人的想法都一样时，每个人都很可能是错的。"参见汉弗莱·尼尔（Humphrey Neill），《反思维的艺术》（Calwell: Caxton 出版社，1954 年）。

8 见第 3 章。

的传统衬衣制造商之一，其所有的生产活动都是在美国进行的。Gitman 的衬衣制作工艺良好，面料质量上乘，它也有自己的领带品牌。

今天，几乎所有的职业男士都喜欢带领扣的衬衣。一些翻领款式的领子（通常是比较正式的）有衬里，使衣领有体积感、重量感，这些就是所谓的热熔粘合领。没有热熔粘合的衣领没有这种结构，而且通常比较松弛。

这两种衣领通常都有领撑，以确保（在领座本身的结构"导引"下）衣领圆润坚挺，同时又不起皱。有些领撑是缝在领子里的，不能换新的，而另一些则是可移除替换的。[9] 只有软翻领（比如领扣领子，领尖处下翻、领尖处有一按钮向下锁住领尖）没有任何领撑。

一般来说，领撑是用塑料做的，但是也有其他材质制作的领撑，如不锈钢、黄铜、纯银、黄金、木材、珍珠母、动物的角或骨头等。没人知道这些领撑的区别，但是塑料确实会随着时间的推移而弯曲变形，如果干洗工在洗衬衣之前不移除领撑，那么塑料的肯定会弯曲甚至熔化。[10] 所以在必要的时候要更换领撑。与其他类型的领撑相比，金属领撑的缺点是不太灵活，也太重，优点是它会使衣领看上去更时髦，很有吸引力。不锈钢和钛合金的领撑相对来说也是物有所值的，如果不丢失的话，可用一辈子。

领撑的大小也很重要。如果太长，会对领面造型产生不利的影响。如果太短，衣领还可能会不自然地起皱，应该有大小不同的领撑适应不同的领围或领面。我曾经出差，在东京小住了几天，当时没有找到大小合适的领撑。我试着用回

9　许多衬衣带有劣质胶合衬里，衬里有不可移除的领撑。这种衣领经过洗涤和熨烫，经常会发生变形，衬衣就不能再穿了。但是需要注意的是，有的定制衬衣也有胶粘的衬里和缝好的领撑，领撑可连续使用多年，质量确实非常好。因此，严格地说，一件好衬衣没有必要用可移除的领撑。

10　对于大多数干洗店而言，移除领撑是你本人的责任；但是，你与干洗店的关系还可能取决于他们是否会主动代劳。因此，当第一个"熔化"衣领出现时，告知并鼓励他们仔细检查你的衣领，以确保不会再发生类似的情况。此外，还要鼓励他们更换衬衣、西服上开裂的纽扣。如果他们在这些方面都能做到体贴入微，请一定在年底给你的干洗店员工发小费。你是日理万机的职业人士，让干洗店成为你的合作伙伴，以确保你的衣物得到及时打理，这是非常值得的。

形针代替（在我日本办公室里能够找到的最佳应急替代品）。结果是好坏参半。[11]
因此，为了保持衣领挺直，最好还是坚持用领撑。所以，平时常备六个，即使
这些小东西很便宜，但也都是重要的。

除此之外，你可能更喜欢具有异国情调的昂贵领撑。例如，你可以花 1000
美元买一对 18K 金的领撑，并把自己的名字刻在上面。当然，花 3 美元买一对
不锈钢的领撑功能也差不多，但是你要了解那是用不同的材质做的。如果奢侈
是你的最爱，那就买吧。它会增加你的信心，或者因为在眼皮底下的这么点奢
侈会让你产生悦己的感觉。但是，请千万别把它们弄丢了！

衣领本身在某些衬衣上也是可拆卸的。与立式衣领一样，可拆卸衣领是 19
世纪的产物，当时水洗衬衣不仅耗时费力，花销也很大。由于当时的绅士很少
脱下外衣，更不用说他必穿的背心了，因此里边的衬衣也很少被弄脏。然而，
领子却是暴露在各种环境之中的，经常沾染烟尘与污垢（希望偶尔还有充满激
情的唇膏涂抹上去的痕迹）。但是要除去污垢，你可以只洗衣领，而不是整件衬衣。
我的外祖父杰克·莱德维斯（Jack Ledwith）就曾经有许多可拆卸的领子。[12] 据我
父母说，小时候，我在外祖父的伦敦公寓里跑来跑去，用他的一条可拆卸的领
子套在我的 T 恤上，高喊着"程序问题，程序问题。现在必须听取大律师的意见！"
是的，当时我的确是个异类，但还是个很有先见之明的小伙子。

最近，全球最大的（注意是最大的，但不是最好的）礼服衬衣制造商
Phillips Van Heusen 推出了一种基于专利技术制作的柔性领子，其目的是在不影
响领子整体结构的情况下，给穿戴者增加半英寸领长。

请注意，选择好的面料和适当的尺寸一直是解决衬衣问题的最佳方案。一
件衬衣最终会因水洗而缩水（1% ～ 3% 是常见的，取决于面料材质和面料的支数），

11　紧急时刻缺少合适领撑，办公室里能找到的替代品包括坚固耐用的名片，用剪刀将它剪成领撑形状，
以此类推，也可把木制咖啡搅拌棒削成类似的形状。

12　在我看来，外祖父杰克不仅是一时尚偶像，他还是伦敦阿克顿与西部的伊岭区合并之前的最后
一任市长。阿克顿是"谁人"摇滚乐队的诞生地，所有成员（除了基思·穆恩，实际上，他是第三小把
位小提琴手）都就读于阿克顿语法学校。这是皇后公园游侠的领地。

这是不可避免的，通常这种缩水现象在第三次洗涤后就停止了。所以，一般来说应该买尺码大半英寸的衬衣，以防日后缩水。而且，衬衣在至少洗过三次之前，也不应该做任何修改，因为过早地调整可能会被证明是错误的。

颜色、样式

正如我们前面讨论过的，白色衬衣是标准的经典。它为你提供了与西服、领带和其他衣物搭配的最佳选择。因此，白色礼服衬衣——无论何种重量和棉支数以及领子风格——应该占你衬衣总数的大头。是的，我的"白领"工人，白色衬衣应占职业男士衬衣的大多数。在同样多的款式中，蓝色礼服衬衣应该是你的第二基本款。除此之外，一些基本的条纹，如白蓝条纹、灰白条纹、白色和红色 / 深红色条纹衬衣是可选的。

> **法则 22**
>
> ――――――――――――――
>
> *职业人士的大部分衬衣都应该是白色礼服衬衣。*

在那之后，尽管有机会选择一件帮助你"自我表达"的衬衣，但我还是要提醒你，在选择"此类"衬衣时，在选择颜色的鲜艳度或条纹的夸张程度方面应表现出适当的克制。再说一遍，礼服衬衣是你衣柜中的必备。人们很难对衬衣感到兴奋，那就让这件衬衣成为宁静和经典的一部分，这通常也是它的意义所在。

话虽如此，在你拥有了白色、蓝色、基本款条纹的衬衣之后，你还是可以添加一些别的样式的衬衣的，这些衬衣既可以为你的衣柜添彩，也不会违反任何着装法则。

款式、纽扣和其他质量要素

到目前为止，除了两个最明显的元素，即图案和衣领之外，衬衣的设计结构中还有其他一些特征，它们都可能影响衬衣的外观和穿着感。

高质量礼服衬衣上的纽扣是传统意义上的珍珠贝母扣，珍珠贝母扣是超级硬核型的扣子，可以经受一个做事马虎的干洗店员采用的粗放式水洗而造成的损害，而塑料扣子经过如此粗暴的处理经常会破碎。[13]

纽扣应该结实地缝在衬衣上，丝毫不要松懈，缝纫要呈纵横交错的"X"字形，这样纽扣就会结实地附着在衬衣上。如果是用两条平行线，而不是用交叉线缝纫的话，那就一定是质次的表现了。另一个质量上乘的表现体现在纽扣暗缝的细节上。"带暗缝的扣子"是指在原来固定扣子的"交叉线"上再缝上一圈，这一圈线走在纽扣的背面，结果是纽扣会突出一点，但是看上去时尚大方。

扣纽扣的位置也是很重要的。如果扣眼周围有松弛的缝线，或者磨损的迹象，就是质次衬衣的标志，或者表示你的正装的一部分已经该淘汰了。[14] 做工精美的礼服衬衣在扣眼处会有更多针脚，但是由于手工好，扣眼处干净利索，不会看出任何磨损的迹象。

如果你拿一件典型的工厂制造的衬衣，比如说 Calvin Klein 的衬衣，与 Hilditch & Key、Edward Sexton 或 Turnbull & Asser 的衬衣进行比较，在纽扣的缝制方式等方面，你会看到明显的不同。

13　一些高质量的塑料/树脂纽扣仍然可以使用很长时间，其他材料，如动物角或象牙也是可以接受的替代品。

14　应该提到的是，如果一件优质的礼服衬衣已经穿过多时，并且不再适合作为商务礼服穿着，那么修改一下，再把它改送给你的配偶，作为夏季牧场的睡衣或度假和周末的休闲服。这些衬衣柔软、面料和手感好，甚至可能带有你的体香，并能传达许多职业人士征战职场的故事。人们对礼服衬衣爱不释手，但是领子磨损后也就不能穿了。通常我会把它们剪下来，这样原来的衬衣看上去很像当年尼赫鲁的凌乱风格，我会穿着它在房前屋后遛狗或去海滩遛弯儿。

品牌须知

Hilditch & Key: 1899 年，两个衬衣制造商合伙在公爵大街（Duke Street）创立了这个品牌。Hilditch & Key 很快成为伦敦时尚达人最欢迎的衬衣制造商。它在伦敦杰米恩街 (Jermyn Street) 和巴黎里伏利街 (Rue De Rivoli) 开设了分店，在这两个著名的时尚衬衣制造商汇聚之地有了自己的专卖店，巩固了他们的品牌在男装市场中的地位。今天，Hilditch & Key 生产高质量的衬衣，精致，注重细节，经典时尚，又有现代感。除了衬衣外，他们还出售针织品、领带、手帕和睡袍。他们生产的衬衣散发出优雅和品位，同时传承了名望与传统，因为该品牌的大部分零售业务仍在杰米恩街和里伏利街的商店进行。直到 1981 年，这家衬衣制造商才开始在自己的专卖店以外的地方销售衬衣。

Edward Sexton： 爱德华·塞克斯顿 (Edward Sexton)，一个以魅力、风格和品位而闻名的定制裁缝师，男装行业的标志性人物。自 1969 年入行以来，Sexton 可谓声名鹊起。1990 年，爱德华·塞克斯顿在奈特斯布里奇 (Knight Sbridge) 成立了自己的工作室，并开始培训他人学习自己的"制衣哲学"。尽管制衣业务随着一系列配饰产品的发布和电子商务网站的开通而得到长足的发展，Edward Sexton 的作品仍然保持着其性感魅力和开拓性精神，这一开始就让它与众不同。今天，Edward Sexton 继续销售定制衬衣，但也销售众多款式的成衣衬衣，其中包括许多优雅的礼服衬衣。

Turnbull & Asser： 一家专门承接男士定制衬衣的品牌厂家，始建于 1885 年的伦敦。这家绅士裁缝店曾经为众多名人提供定制服务，其中包括温斯顿·丘吉尔以及毕加索等。除销售定制衬衣和成衣系列之外，这家男装公司还推出了衬衣、领带、针织品、夹克和配件等产品。作为最优质的衬衣生产商，Turnball & Asser 使用 34 块高质量面料和 13 个珍珠母纽扣制作每件衬衣。

分离过肩（Yoke，又叫约克或担干）是优质衬衣的另一个标志。衬衣的过肩是一块面料，它横穿肩膀，在衣领后面（后过肩）。分离过肩由两块不同的面料制成，一个真正的分离过肩（又叫驳担干）将由两块面料，按照一定的角度剪裁而成，就像我最喜欢的品牌之一 Paul Stuart 的过肩一样。Ledbury 的礼服衬衣专家们也是制作驳担干的行家里手。这样做的功能性优点是，当面料以这种角度剪裁时（也称为"斜裁"），面料的纵向拉伸性更强。这意味着当你身体前倾时，你有更大的活动范围。因此，当你身穿 Thomas Pink 礼服衬衣，和你的老板或者你的客户握手时，你（或者至少是你的身体）会更加游刃有余。

像这样的剪裁面料也有风格上的好处。如果衬衣有了印花或条纹，它们又与过肩的前边接缝保持平行，从而使衬衣的前衣片看起来会更加时尚。在衬衣的后背，领子下面，印花或条纹将会以 V 形交叉，看上去也是很漂亮的杀手型设计。

品牌须知

Paul Stuart：1938 年在纽约成立，以创始人拉尔夫·奥斯特罗夫（Ralph Ostrove）之子的名字命名。Paul Stuart 在男装、女装界都是著名品牌。它在美国和日本的专卖商店里销售成衣系列，也出售定制西服。纽约麦迪逊大道上镶木板装饰的专卖店展示了这个品牌的古典和典雅，这家 60 万平方英尺（1 英尺 =30.48 厘米）的商店摆满了高品质、精美的商品。该品牌销售的男装系

列中还有一个更修身剪裁的 Phineas Cole 系列。

Ledbury：虽然该公司是由其所有者在伦敦杰米恩街创立，Ledbury 的缘起可追溯到美国的弗吉尼亚和新奥尔良。Ledbury 强调传统而非时尚，其拳头产品就是它旗下的衬衣，因为该公司创始人的目标是通过衬衣的设计元素和面料的精心组合，使该品牌的衬衣成为一件完美无瑕的男装。Ledbury 衬衣给消费者以风格经典和剪裁合身的印象，它的设计看上去都像量身定制的。其带有帆布衬里的衣领和珍珠母纽扣，对这些小细节的重视，使 Ledbury 衬衣在与对手的竞争中独占鳌头。

Thomas Pink：Thomas Pink 于 1984 年由三个兄弟在伦敦成立。这个品牌是以伦敦裁缝托马斯·平克的名字命名的，他设计了第一件 Scarlet 狩猎大衣，并以其姓氏命名为"Pink"。作为一家专业衬衣制造商，Thomas Pink 从伦敦发源地迅速扩张，在全球拥有约 90 家门店。尽管其业务发展迅速，Thomas Pink 一直坚守承诺，即生产的每一件衬衣质量都无可挑剔。Thomas Pink 的衬衣由优质的纯棉面料制成，完美的剪裁技术使成品衬衣更是显得简洁大方。

当然，以上产品的缝制还是比较昂贵的。一个分离过肩需要衬衣制造厂家拥有更多的缝纫环节和专业技能。但是，在礼服衬衣的制作中，它给你带来的功能和风格的优势，比一体式过肩的衬衣要多得多，是质量上乘的标志之一，这个特质即使是刚入行的人，也不会忽视。

礼服衬衣袖口主要有两种风格：法式袖口和管状袖口。法式袖口更正式，袖口两面折叠，没有扣子，只有扣眼，需要用袖扣系上袖口。我倾向于将法国袖口衬衣保留到正式场合穿，因为我发现它们不只是有那个褶边，而且工作的时候很难卷起袖子，Ike Behar、Finnamore Napolis 和 Barba Napoli 等品牌都有很好的法式袖口衬衣。管状袖口更常见，锁上袖口只需用缝制在扣眼对面袖口上的纽扣即可。袖口要么是粘合的，要么是未粘合的。记住，粘合意味着有一些织物被"粘合"在袖口的每一侧，以使袖口本身更坚挺，更厚重，而未粘合意味着袖口没有增加这些粘合物。每种袖口的吸引力取决于个人品位和所期望的正式程度。粘合式袖口呈现的是一个干净利索、专业过硬的职业人士形象，未粘合袖口给人的印象是更加轻松休闲。优质衬衣上的袖口应该是手工缝制的，这正是制造商经验和技能发挥作用的地方。做衬衣的人需要大量的经验，以及专注和时间，才能正确把握袖口上的细节，从而展现袖口各个角位的尖度和针角缝线的匀称"流畅"。

品牌须知

Ike Behar：古巴裔美国人艾克·贝哈尔（Ike Behar）于 20 世纪 80 年代在纽约创立，这家男装公司生产奢华的成衣、定制男式衬衣和其他服装。在贝哈尔创立自己的公司之前，他的才华得到了著名设计师拉尔夫·劳伦的认可。拉尔夫·劳伦雇用了这位初露头角的裁缝为他的著名服装系列设计衬衣。今天，Ike Behar 品牌有三条不同的产品线。Ike Behar 金字品牌是由欧洲高档面料制成的奢侈品牌系列，只在高档百货公司和专卖店销售；Ike Behar USA 是一个精致典雅的成衣品牌系列；Ike By Ike Behar 是一个面向年轻人的男装系列，以更实惠的价格销售优质服装。

Finnamore Napolis：1925 年，卡罗琳（Caroline）在那不勒斯创立，1960 年，她的儿子和儿媳在圣乔治克里马诺的一个大型作坊中将生产规模扩大。时至今日，这个家族公司创业的品牌已成为衬衣行业中最具前瞻性的品牌之一。他们的衬衣在各国高端精品店和百货公司出售，因为是纯手工制作的，所以衣品与众不同，非常注重精准和细节。该公司在不牺牲质量的情况下成功地保持了产品的时代性，坚持使用最好的面料生产衬衣。Finnamore Napolis还扩大了他们的奢侈品产品线，现在除了衬衣外，还出售领带和夹克。

> **Barba Napoli：**虽然该公司最初是一家小规模的手工服装生产商，但现如今这家位于那不勒斯的公司雇用了 110 多名员工。公司成立之初，他们只把衬衣卖给最挑剔的客户，但随着时间的推移，他们向世界各地的客户提供了制作精美的服装。Barba Napoli 的衬衣公司业务不断开拓，除了衬衣之外，公司现在主要制作精良的男式夹克、西服和针织品。

袖头上方是衬衣袖衩条。这是衬衣袖子的一部分，打开袖头时，它也会随之打开。这段额外开放的长度是必要的，这样就可以通过打开袖衩或把袖子挽到手臂上。一件精心制作的礼服衬衣还会在这个袖衩条的中间缝上一只额外的纽扣，以防止这部分的袖子敞开。如果没有这个小功能性设计，要么在袖头上方有一个很大的开口，要么袖口太短、太紧令人烦恼，因为袖子无法挽到小臂上。

看看 Ascot Chang 或 Borelli 做的衬衣的袖衩条和袖口，你就会认识到职业人士并非唯一具有高度耐心和关注细节的人。[15]

品牌须知

Ascot Chang: 张子斌（Ascot Chang）先生 14 岁时就开始在上海做学徒学习制作衬衣，1949 年在香港接受定制衬衣的订单。1953 年开设第一家店，1986 年移师纽约创立海外专卖店，其间 Ascot Chang 成长为以时尚和优雅而闻名的品牌。Ascot Chang 定制衬衣、西服和其他服装，其设计理念是制作

15　或者本章节列举出的"品牌须知"中的任何一个。

The Laws of Style: Sartorial Excellence for the Professional Gentleman

适合每一个人的服装，对细节的关注和精确的追求可谓无人能望其项背。

Luigi Borelli: 这家位于那不勒斯的裁缝店成立于 1957 年，其特色是用最优质的面料制作衬衣，根据意大利古代剪裁工艺手工制作，由大师刺绣完成。自 1997 年以来，公司已扩展到定制服装，包括外衣、牛仔裤、针织品和配饰。这些衬衣是为见多识广的职业人士设计的。

礼服衬衣的两侧与袖子底边的单针摆缝缝纫总是令人羡慕，因为其代表了这将是一件缝合紧凑、质地上乘的衬衣。衬衣的外面只有一行线可以看到，缝线缝制的质量将确保衬衣湿洗、甩干之后不会出现起皱的现象。用这种方法缝制摆缝对衬衣制造商来说更加困难且价格不菲。有点像由一位资信良好的超级律师快速起草的一份内容丰富、有多方参与的许可协议。[16] 这样一项复杂的工作对律师事务所来说显然更难完成，因此成本也更高。这两者都是值得的。如果用双针缝制摆缝，那么做出的衬衣不仅质次、价格低廉，而且还会使摆缝在水洗后出现更多的褶皱。[17]

衬衣上的这块"侧梁"应该用一种叫作"衬料"的布料予以加固。这一额外的材料会防止衬衣侧面接缝处遭遇过猛外力时被撕裂，比如在进入审判庭前迅速地把衬衣塞进裤子，或者当你回到家的时候，你的衬衣被一个狂热的恋人扯开，因为在办公室漫长的一天结束时，你看上去仍然衣冠楚楚。[18] 它还为衬衣增加了一种简单实用的设计元素。事实上，多年来 Thomas Pink 的品牌一直在其礼服衬衣上突出那个衬料设计，并用其标志性的粉色给其上色。

----

16 超级律师是汤森路透（Thomson Reuters）评级服务的一部分。这是一项由来自 70 多个执业领域的优秀律师组成的评级服务，这些律师获得了较高的同行认可和专业成就。这一选择过程包括独立研究、同行提名和同行评价。

17 这方面的一个例外是，如果摆缝是如此缝制的，即从外面看只有一行缝纫线是可见的，但是从内部可以看见两条线。即使从技术上讲不是"单针"缝纫，这也是一个妥协，一个质量上乘的标志。它的结果是干净利索的外观和紧密的摆缝，即使没有经典单针摆缝的成本和难度。

18 是的，在我这个受过教育的人看来，穿着得体的职业男士有更多浪漫奇缘，努力工作的人也是如此，在此没有讽刺的双关语。

面 料

礼服衬衣主要由棉纤维编织而成。棉线的支数和类型各不相同。支数越高，面料表面就越光滑，面料也就越贵。就像股票报价，支数计数和材料的价值，是用数字来表达的，如 50、80、100、120、140，一直到 330。这些数字与纱线的尺寸有关，但超过 100 的线数通常意味着两根纱线缠绕在一起(称为"双纱")。[19] 棉花品种包括埃及棉、皮马棉[20] 和海岛棉。[21]

以其他可能被编织进去的材料为基础，从经纱（纵向纱线）到纬纱（绕经纱上下穿梭的横向纱线），除了制作工艺流程外，用于正装衬衣的织物也可以有很多不同的叫法。

• 牛津纺（Oxford）——先把这个奇怪的问题放在一边，虽说牛津没有法学院，但是这个学术机构可以同时拥有一双以它命名的鞋子和一件以它命名的衬衣。牛津纺与细点棉（Pinpoint，又称精细牛津纺面料）相似，牛津纺织物采用粗线与松弛的编织法，面料质地粗糙，但绝对比其他织物耐用。它是很好的休闲衬衣面料，但在我看来，与更正式的西服一起穿是不合适的。

• 精细牛津纺——编织方式与牛津纺一样，精细牛津纺使用高支的纱线，比牛津纺更正式，但不像细平布或斜纹布那么正式。这是一种折中的选择，比如乘坐商务舱，而不是头等舱。精细牛津纺相当结实耐用、略厚，比细平布重。

• 细平布又叫府绸（Broadcloth）——英文也叫 Poplin，是一种高支面料，很少有光泽，表面光滑平整。因此，这是一个普通职业人士的选择，通常来说它更薄、更轻，是一种很容易起皱的面料。我非常喜欢府绸面料，因为它更适合温暖的气候。在洛杉矶，我似乎总是穿府绸衬衣。

19　例如，120 支意味着两条 60 支的纱线被缠绕在一起。

20　它的商标名叫素皮玛。

21　这三个品种是较为理想的棉花品种，因为它们通常有超长的纤维长度（长度大于 13/8'），这使它们可以纺成更细、更结实的纱线。

• 米通布（End-on-end）——府绸面料的一种，在经纱上用彩色线编织，在纬纱上用白色线编织。从远处看，颜色很纯正，但近看会发现更多的纹理，这是一种较轻的织物。重要的是，要认识到这一颜色效果将如何与你的其他衣着搭配，但其纹理差异可能是惊人的。

• 斜纹面料（Twill）——斜纹面料采用非常紧密的对角线织法，面料上有很好的纹路。斜纹面料几乎总是会有一点光泽。斜纹面料属于高支数面料，相当奢华和柔软。虽然我不喜欢用带有光泽的面料制作的成衣，不过斜纹面料我还是能接受的。随着经纬密度的增加，斜纹越精细，价格也就越高。

• 人字纹面料（Herringbone）——基本上是一种斜纹面料，其特有的织法上创造了一种雪佛龙标识，即 V 形的纹路。有趣的是，这种面料的名字来源于它与鲱鱼骨的相似之处。虽然我不喜欢鲱鱼，但我真的爱人字纹面料。

• 提花面料（Dobby）——它可以像府绸一样轻薄，也可以像斜纹面料一样厚重。提花面料上通常有条纹编织在里面。我不常穿这种面料，但我有一位出色的爱尔兰会计同事，他喜欢这种面料，他是一个时髦的绅士。

• 青年布（Chambray）——这是款典型的"蓝领"工作服面料。青年布的结构类似于府绸布，尽管它一般都是用较重的纱线制成的，以求更加休闲和随意。我建议你只将其用于搭配商务休闲装。

• 泡泡纱（Seersucker）——适合休闲和温暖的天气，泡泡纱众所周知的特点是起皱的外观。之所以会起皱，是由于面料在织成后的整理加工方式造成的。令人惊讶的是，它能有效地排出汗水，即使是在炎热的气候下穿着也会感觉舒适。由于已经起皱了，它也不可能再起多少褶皱，因此非常适合旅行时穿着。

照顾好你的衬衣

因为衬衣是贴身穿着，那么不管你穿不穿打底的背心（这肯定会引起正反双方争论），你都应该经常洗熨它。它会和衣柜中除鞋子以外的其他经常穿着的衣物一样，受磨损的程度不可谓不高。

与打理其他商务套装的做法一样，最简单的做法就是把衬衣的洗熨交给一家信得过的干洗店。正如我们已经讨论过的，这种"信得过"的关系非常重要。如果你的衬衣上有特殊的污渍需要处理，就请为洗熨的工人标注出来。如果不确定他们是否会在洗熨之前解开领扣或移除领撑，就请告诉他们；如果他们把扣子洗坏了，请他们更换，记得在他们把衬衣送回之前，就让他们把扣子补上。你的洗熨工应该知道，你是职业人士，不是一个在正式场合衣着随便，身上的纽扣破裂、污渍满身的无业游民。一个信得过的洗熨工很容易消除类似的任何瑕疵。请一定给洗熨工小费，这是良好服务的保证。尊重他们，保持这种重要的关系。

> **法则 23**
>
> 职业人士应与自己的洗熨工建立并保持这种重要的关系。

如果你自己有时间和劳动的嗜好（或有一个可靠的管家，他的洗熨活儿做得好），洗熨和折叠自己的衬衣不仅是完全可以接受的，而且还有可能让你和自己的衣物建立亲密的感情，当然不是以那种令人不悦的方式。

牢记那句罗马法格言："不知法律不免责。"

9

领带和口袋巾

"系好领带是人生的第一步。"
——奥斯卡·王尔德 [1]

领带是一个奇妙的矛盾体。虽然它的无用和无处不在代表了职业人士在一定程度上的盲目趋同，但是在你的正面呈现中，领带的多样性和突出性为你提供了一个绝佳的机会，使你能够在一群毫无品位可言的高级白领中鹤立鸡群。领带是西服"四大件"中的配角，有了它还可以派生出无数种"杀手级的外表"，因此它也非常符合成本效益。一条好领带可以改变你的整体形象，就像一个不同的连词（"和"与"或"）可以改变一份完整的书面协议。

1　王尔德是一位才华横溢、广受欢迎的剧作家，以其精湛的风格和高超的机智而闻名于世。他唯一的一部小说《道林·格雷的画像》，描述了为了保持青春和美丽而出卖灵魂的享乐主义主人公，而他的一幅画不仅记录了他的年龄，也记录了他的罪恶。

起源与变革

　　领带的起源是有争议的，最终，就像领带本身一样，有趣但基本上无关紧要。就像我们很多正式的衣服一样，领带代表了我们男人仍然穿着的一件东西，因为几百年前有一位国王发现系领带很时髦。人们普遍认为领带起源于"三十年战争"（1618—1648 年）。当时的法国国王路易十三从克罗地亚招募了大量的雇佣兵，他们系着传统的小扣的领巾作为军服的一部分。如同大多数军事装备一样，这些早期的领巾也有其实用价值，就是把士兵外衣的领子紧紧地绑在一起。但它们也给英俊的克族人（Croats）增添了一种活泼、时尚的神情——路易国王对此心驰神往，他强行规定把这些早期的领带作为法国皇家聚会的饰品，要求人人佩戴，并将其命名为"La Cravate"，以纪念那些（英俊时尚的）克罗地亚士兵。

　　从这个早期的领巾开始，世界逐渐进入了一个从小领结到飘逸的阿斯科特领带的多样化时代。我们今天所知道的领带直到 20 世纪 20 年代才出现，从那以后，领带在设计和结构上经历了许多微妙的变化，直到 20 世纪 50 年代，随着窄领带的推出，这种现代版的领带才占据了主导地位。领带宽度从最宽接近 6 英寸的 Kipper 领带[2] 到 1.5 英寸的窄领带之间不等。职业人士今天所佩戴的传统标准领带宽度是 3 ～ 3.5 英寸，主要是基于男装剪裁所流行的传统衣领和西装翻领宽度，使其与之能较好地匹配。更现代的西服翻领更小，外形也变得更细窄——比如 Dior Homme、Helmut Lang 或 Jil Sander——都只需要 2.5 ～ 2.75 英寸宽的领带。

2　Kipper 领带在 20 世纪 60 年代中期到 70 年代末很流行，是由英国时装设计师迈克尔·菲什设计的，它的主要特点是超级宽大，经常配有花哨的图案和鲜艳的颜色。

品牌须知

─────

Dior Homme：从 1970 年开始，Dior 的男装部门 Dior Homme，生产了它的第一个男装系列。在 20 世纪 80 年代和 90 年代，男装部门一度被称为 Dior Monsieur。男装部门以其独特的修身设计而闻名于世。自 2008 年以来，在克里斯·范阿西（Kris Van Assche）的指导下，Dior Homme 已经转向了一种更正式，但又带有极简主义的设计风格，同时，它对细节也接近苛刻的关注。这个品牌专注于黑色、灰色、蓝色和巧克力等深色系列，在职业男士中很受欢迎。除了季节性系列产品，该品牌也有成衣、皮具、鞋、配饰，以及护肤品。

Helmut Lang：1986 年由奥地利设计师赫尔穆特·朗创立，该品牌开始于极简主义时尚风格流行的年代。服装系列以流畅线条与时尚的剪裁风格为突出特点，将犀利、刚与柔的线条完美地融合在一个造型中，面料以高质量和高科技材料为主。该品牌以形式简单、内涵丰富的风格而闻名，同时也以时尚行业的先锋而闻名。赫尔穆特·朗是第一位通过直播向互联网观众展示其作品的品牌服装设计师，直播发布会甚至比向纽约观众（指时装周的秀场观众）展示其产品线的时间还提前三天。他还是唯一能够对目前纽约时装周的时间安排产生影响的设计师，因为他决定在纽约时装周以及巴黎和米兰的时装秀之前展示自己的产品系列，这也激励了其他美国设计师纷纷效仿。

Jil Sander: 这个极简主义的德国品牌是海德玛莉·吉琳·桑德尔（Heidemarie Jiline Sander）于 1968 年在汉堡创立的。该奢侈品牌出售男装、女装的成衣和配饰，以简约和朴素的设计而闻名。曾供职于 Calvin Klein 的拉夫·西蒙斯也曾担任该公司的创意总监。拉夫·西蒙斯在 Jil Sander 男装系列中加入

> 了雕塑造型风格的套装，受到消费者的广泛好评。这些产品在高档百货商店都有销售。

打领带

我不会教你怎么打传统领带，甚至打领结。坦率地说，你现在应该知道如何打领带或领结了，如果不知道，网上有很多网红视频，他们会非常高兴地教你如何打领带、领结。我也不打算再赘述如何打各种各样的领结，事实上所有的"结"都不错，而系什么样的结是你个人的喜好。不过，我会提供一些关于领带系法的基本规则。

首先，拥有领带！戴上它，朋友。骄傲地戴上它，不要为此感到难为情。昂首挺胸，知道你的胸前飘逸的是一面职业人士的旗帜，把它扎紧。理想的情况下，领带应该看起来干净利索，打领带时打出的领带窝是单一酒窝或不打领带窝。经过一个白天（或到了晚上），领带结会自然松懈，所以要不时地仔细检查并扎紧领带结，这样的修正是必需的。领带应该戴在衣领合适的礼服衬衣上（而不是带衣领的非礼服衬衣上，不是所有的衣领都适合打领带）。除非你穿着立领，领带的任何一个部分都不应该露在衣领之外，领结扣处除外（因此，一定保证衣领遮住脖子两侧和后面的领带）。

将领带的结打得与领口开衩的空间形成同比。如果你穿的衬衣领口宽松，那么领带结也应该是同样宽幅的，这样才能占据相应的空间。如果衬衣领子是短尖的那种，领带结应该打成小结。此外，领带的宽度与领子的大小要相匹配。一件小领口的礼服衬衣，比如，"外行乐队"（Band of Outsiders）[3] 品牌的衬衣，

3　现在由一个与创始人斯科特·斯特恩伯格 (Scott Sternberg) 无关的财团经营，债权人以"洛杉矶外行乐队"（Band of Outsiders Los Angeles）的名义使该品牌复活。信息披露：HBA 是"外行乐队"投资人的法律代表。

需要搭配一条同样比例的领带，其宽度和外衣上的翻领宽度必须一致。如果领带、衬衣领或外衣的翻领宽度极其不对称，你看起来一定会非常搞笑（wack）[4]。领带的领尖部分应该与皮带扣平行或在它之上。如果低于皮带扣，直指你的下半身，那于情于理你都走得太远了。

如果是商务休闲状态，衬衣领口的扣子没有扣上，那么领带结也可以松弛开来，这样做勉强可以接受，尽管我不太建议你把领带松开。我不太推荐此种做法，因为虽然商务休闲装的目的是掩盖不那么正式的外表，但一些较为传统的客户或老板可能会认为，领带如此宽松的系法无异于"宽衣解带"或衣冠不整。所以，尽管你是西服加领带，但人家马球衬衣上套了一件羊绒 V 领毛衣，看上去仍然比你正式。正如我们前面讨论过的，对于同龄人来说，衣冠不整会招致非议。如果对你没有全面了解，甚至可能会让别人对你的工作作出负面的评价。[5]所以，"商务休闲"必须仔细参考着装法则，即必须明白着装的对象、对方的期望如何，以及你在公司食物链中的位置。

另一种领带休闲系法的方式是，让领带的窄端比宽端长出一些。同样，谨慎小心以及如何应用法则也适用于此，虽说你也可以引用像詹尼·阿涅利（Gianni Agnelli）[6]这样的时尚达人来证明你对"着装法则"的无动于衷。但请注意，如果你想休闲到底，那其他的衣服也应该是休闲放松的那种，即便如此，穿一套西服也好过穿一件稀奇古怪的夹克。我个人建议开始的时候你只用那种薄而窄的领带。窄款领带从轮廓上看较为新潮，再加上较宽的一端并不比另

4　据《音源》杂志前音乐编辑雷金纳德·C. 丹尼斯 (Reginald C.Dennis) 所说，早在 20 世纪 70 年代，纽约就曾用"wack"（搞怪）这个词来形容毒品五氯苯酚 (PCP) 或天使尘。这是个中性词，并没有过分贬义，但是 1979 年"说唱歌手的欢乐"(Rapper's Delight) 问世之后，"wack"一词已经具备了当前的含义，即描述与"def"相反的东西——"def"本身来自"死亡"——意思是褒义的。

5　见男士着装法则第 7 条。

6　阿涅利是意大利工业家，菲亚特集团的主要股东。他是现代意大利历史上最富有的人，也以他无懈可击，但有点稀奇古怪的衣着而闻名于世。阿涅利于 2003 年去世。

一端宽大多少，非常有助于平衡休闲与正式。在我看来，保持休闲与正式平衡的安全做法是采用平头领带，尤其是针织款的，只有如此才能做到这一点。再有，它们本质上都是较为休闲随意的，统一的末端有助于平衡。如果你想这么做，那就放手去吧。窄端至少比宽端长出两英寸，最好长出四到五英寸。

图案和纹理

领带与其他衣服的图案和质地的搭配都是有固定程式的，这一点我们将在第 11 章中详细讨论。在此，我想谈谈什么样的领带是每一位职业男士应该拥有的，并用它们扩充他的衣橱。

品牌须知

Vanda Fine：Vanda Fine 服装公司成立于 2011 年 8 月，手工制作传统男装，品质卓越，每件产品都在新加坡完成，其面料具有独特的手感，是量产服装永远无法企及的精品。口袋巾的独特设计体现了新加坡的全球视野。精美的制作，亚洲的设计，优雅的面料，是职业人士的首选。

E.Marinella：这家意大利公司由欧金尼奥·马里内拉（Eugenio Marinella）于 1914 年创立，主要生产西服领带。在那不勒斯、米兰、卢加诺、伦敦、香港和东京都有独立的门店，也在全球各地的大型百货商场销售。该公司是领带行业最负盛名的奢侈品牌之一。除了领带，E.Marinella 还销售男性箱包、手表、古龙水、配饰和袖扣；女性产品系列包括各种手袋、围巾、香水和配饰。

Tie Your Tie：这是个罕见的成功故事，一个本地小店，1984 年开始营业，后来成为一个全球知名的品牌。创始人有着独特的服装品位，特别是领带，因此，他决定开一家自己的领带工作室，专门生产轻薄、多层折叠的领带，这也是该品牌领带成为名牌的原因所在。目前该领带品牌的寿命已经超过了其专卖店；它在佛罗伦萨的零售店不仅更名，还改了东家。现在唯一的零售店设在日本，但领带仍然是在意大利制造，具有相同的结构和独特的设计美感。

领带由许多不同的材料制成，最常见的是棉、羊毛和丝绸。丝绸领带可以常年佩戴，通常被认为是最正式和最适合商业场合的。羊毛领带较厚重，带点乡土气息。羊毛领带最好在冬天佩戴，搭配相同质地的衣料。同样，纯棉领带是春、夏两季的首选，也应与质地相同的定制西服搭配。选择不同面料的领带与不同的季节搭配是正确无误的。当然，我还有很多的领带推荐，重点是，你应该有无数条领带可供选择，以适用于不同的季节。

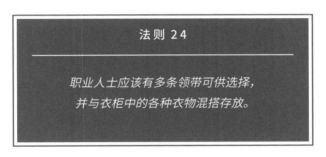

法 则 24

职业人士应该有多条领带可供选择，
并与衣柜中的各种衣物混搭存放。

该条法则也是从花钱和后续的保管等角度提供的可操作性建议。领带不像西服那么贵，而且它们也不会占用过多的空间。正如前面所说，领带可以改变整个人的衣着品相。因此，选好领带可以使一套西服呈现出多种时尚风格。多年来，我一直都不喜欢打领带，但是老实说，我买了无数条领带，还有领结。

类型：你能给我一些 颜色选择吗？

颜色选择是萝卜白菜，各有所爱，但即便如此，领带的颜色也应该是多种多样的。即使你面色红润，红色和深红色的领带也应该是你的首选。考虑到你的西服主要是灰色和蓝色的，而你的衬衣是白色和蓝色偏多，红色必须是你的最爱。一般来说，因为其固有的颜色平衡，蓝色西服、白色衬衣、红色领带是最佳搭配，永远不会过时。此外，许多人声称红色领带的"权力"心理暗示有益身心健康。[7] 蓝色调的领带与你的西服或蓝色衬衣不完全匹配，但仍然是非常有效和百搭的，它们看起来和所有的灰色西服以及棕色花呢西服都很搭。灰色、棕色领带和其他中性色调的领带也很有用，但是想象力不甚丰富。此外，任何颜色都可能是有一定用途的，特别是当领带的主要呈现作用仍然是整体着装色彩的一部分的时候。绿色可以是刻薄的，黄色可以是成熟的，你懂的。

深色领带

深色很容易与各种图案和纹理搭配，它们远不是令人兴奋的颜色，但如果其他搭配的服装上有一定的图案，深色领带是一个接地气的选择。深红色和深蓝色是最安全的，但任何深颜色或多种颜色组合都可以是百搭的。除了红色"权力"领带之外，要避免亮丽的颜色和表面光滑的丝绸面料，因为它们会让你看起来像暴发户或者侍者，其实哑光纹理外加精致的主色调应该是我们的最爱。另外，稍微解释一下：深黑色领带多受那些自诩为秘密特工或"落水狗"的人青睐，但是记住你两样都不是。黑色领带只是适合与"黑色"领带相关的活动，即慈善晚会、婚礼和葬礼（参加前两个活动，应该是系黑色领结）。它可以在工作场合佩戴，也有人经常在办公室里佩戴黑色领带，但主要是那些没有意识到自己看上去更像一个受到美国金融业监管局（FINRA）制裁的家伙，而不是一名职业人士。

7　一般观念是，红色领带更具有侵略性和自信，使佩戴者在心理上比竞争对手更有优势，对于此结论似乎目前还没有定论。Robert Burriss 博士曾在《今日心理学》（2016 年 9 月 23 日）杂志上发表《权力领带：实际上是无能为力》的论文反驳此观点。

E.G.Cappelli：成立于 2001 年，多年来这个那不勒斯的产量有限的小作坊，一直在生产世界上最优质、最高档次的领带。其以完美使用英国印花丝绸工艺、讲究结构和注重细节而闻名，进而拥有一批 E.G.Cappelli 领带鉴赏家与铁粉。对品位高雅的职业人士来说，E.G.Cappelli 应是其囊中之物。

Viola Milano：这个意大利品牌深谙风格和灵感对于每个男人来说都是非常个性化和独一无二的。因此，Milano 通过旗下的领带和其他配饰，为消费者提供了一个表达含蓄的独特性和个性化的机会。它的产品价格非常昂贵，质量上乘。

Shibumi-Berlin："Shi-bu-mi"是日语中表示美学概念的一个术语，简单地翻译为"低调的美"。不出所料，这个品牌以其雅致的手工领带和配饰而闻名。其产品制作主要是在意大利和英国的工厂完成，尽管不是百年老店，但 Shibumi-Berlin 有着丰富的历史积淀和当代设计情怀。

Foulard 领带

Foulard 领带是按网格复制排列的对称图案，图案的大小或间距保持不变。它是一个较大的领带门类。职业人士公认的主流产品是 Hermès 的 foulard 领带，主要以各种图案，甚至是小生物的图案为主，Hermès 则经常利用职业人士对经济性和稀缺性的敏锐意识，提供带有某些图案的限量版领带。有时，这些带有令人脑洞大开图案的领带可以在公司总裁或律所合伙人的身上找到，因为只有他们才买得起。对于这些法国支柱风格图案，或者它们的意大利表亲 Ferragamo 旗下的 foulard 领带，你是不会在公司里搞错的。但是坦率地说，这些品牌往往会制造各种恶作剧，很难融入一套含蓄、优雅的着装中。Foulard 领带可能颜色鲜艳，这会使它成为一个意想不到的着装焦点。我认为，正是出于这个原因，许多缺乏想象力、意愿良好的职业人士常常被高价的、生动有趣的 foulard 领带的图案所吸引，并在一家被大家所认同的、声誉良好的欧洲奢侈品公司的掩护下，把它变成自己奇装异服的简单替代品。如果法国的能工巧匠做出了它，而我俱乐部和公司里的每个人都对其趋之若鹜，那谁又会觉得自己可能做错了什么呢？这是奢侈品牌公司与其核心客户之间的一个很好的默契，我只是视而不见罢了。

Foulard 领带图案的颜色对比度越小，领带就会显得越含蓄低调。在最佳商务着装的版本中，大多数图案应该来自同一个色系，其中可能会以一个小的对比颜色成分作为亮点。这一亮点越不明显，效果就越好。职业人士会由此深受启发，并把这些亮点整合到其他地方，比如他的口袋巾或袜子。[8] 但是，foulard 领带简单实用，就像一条带有小白点的深蓝色领带，它可以和任何一件衬衣，以及几乎任何一套西服百搭佩戴（除了你的深蓝色西服）。

斜纹领带

斜纹领带（Rep ties，也叫俱乐部领带）是一款设计简约、漂亮的领带，其颜色组合搭配多样，适合与各式正装和款式另类的夹克（特别是蓝色夹克外衣）搭配。一般来说，领带上的斜条纹都是带颜色的，颜色通常（虽然并不总是）与学校的校旗、运动服或校服的颜色相同，或是某个团队的色彩组合。如果你愿意的话，它们分为大学校服与军服上的两种。大学领带上的斜纹由左向右倾斜，团队领带上的斜纹由右向左倾斜。别问我为什么。

这些领带的颜色来自与它们所代表的机构相对应的传统色彩组合，但也有其他方式的颜色组合。这些颜色组合虽然有些平淡，但是充满青春活力，魅力

The Laws of Style: Sartorial Excellence for the Professional Gentleman

----

8　见第 11 章。

四射。然而，请注意，这些领带实际上是有意义的，特别是在英国。如果把这种现象放在特定的环境之下，也许我的许多美国读者都会非常认同这种做法：系上有大学或军队标志的领带，就像穿了一件印有什么字样的 T 恤。如果你穿着一件橙色 T 恤，上面写着"Princeton Crew"的黑色字样，大多数人会认为你曾经是普林斯顿大学赛艇队的，即使你身高不到 190 cm，人们也会认为你是队里的舵手。还有，假如你穿的是 Hussongs Cantina 的 T 恤，来自南加州（以及墨西哥）的人会认为你一定曾经去过恩斯纳达，并来了一场 K-38 冲浪。相反，如果你根本没有去过普林斯顿大学，或者根本就没有听说过 K-38，那么穿这样的 T 恤会让人觉得你是个装腔作势的人。请对此保持敏感，尽量不要系那些你不了解其来源的斜纹领带，特别是与英国人见面的时候，除非你实际上属于你的领带所代表的那个学校或团体。

法则 25

职业人士如果没有就读于某所大学
或不属于某个俱乐部，则不得佩戴
代表上述机构的领带。

品牌须知

Nicky Milano：该品牌由约翰·尼基·奇尼 (John Nicky Chini) 1920 年创立于米兰，当时他刚刚结束其非洲之旅。自成立伊始，Nicky Milano 一直奉行低调优雅的职业人士精神。其异国情调的色彩和图案在风格上被简化成一种较为低调的呈现方式，成为异类创新和保守主义之间的另一种与众不同的选择。引用加布里埃尔·德安农齐奥（Gabriele D'Annunzio）的话，该品牌鼓励其忠实顾客："记住永远要勇敢。"

佩斯利领带（Paisley）

佩斯利领带的特点是涡旋纹形状的图案重复出现。涡旋纹形状图案通常会有各种华丽的边缘，充满抽象、迷幻的设计。[9] 佩斯利领带的物体造型通常设置在纯色背景之下，有时中间会有较小的花卉图案。正面展示的各种花纹纷繁复杂，有时甚至铺天盖地，如同高亮的 foulard 领带图案一样，甚至视觉上碾压服装的其他搭配部分。出于同样的原因，它可能还是有用的：即它不模仿其他现有的图案。但别做得太过分，否则你会冒很大风险，看上去像"奇异博士"[10]。

那么，如何将这些领带与着装的其他部分搭配呢？嗯，这才是真正有趣的地方。我们有整整一章讨论图案和纹理的

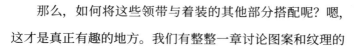

9　这个无花果形状的图案像一个扭曲的泪珠，其设计灵感来自伊朗。它的西方名称"Paisley"起源于苏格兰西部的一个同名城镇，曾经是苏格兰的纺织生产中心。

10　斯蒂芬·文森特·斯特兰奇博士（Dr. Stephen Vincent Strange）（被称为"奇异博士"）是漫威漫画中的一位超级英雄。由艺术家史蒂夫·迪特科（Steve Ditko）和作家斯坦·李（Stan Lee）创作的"好医生"首次出现在《奇异故事：第 110 篇》(1963) 中。斯特兰奇曾经是一名神经外科医生，如今他是最高术士，是地球抵御魔法和神秘威胁的主要保护者。

混合和搭配，但是领带（和口袋巾）是你最好的门面，会给你增色不少，因为它们的正面位置和你可拥有的（而且应该拥有的）件数。一个关键的问题是，领带或口袋巾应该与着装的其他部分形成一定程度的对比。所以，如果西服是深蓝色的，衬衣是白色的，那么领带或口袋巾可以是除深蓝色或白色以外的任何颜色。

领带夹和领带别针

领带夹看起来是有意设置且目的性很强的配饰。其使用的位置是在领带上，与衬衣胸口袋同一侧面，垂直的角度刚好在胸口袋下面，这通常是在礼服衬衣的第三和第四按钮之间。注意，领带夹是用来把衬衣和领带固定在一起（而不是把领带的两端固定在一起）。我注意到职业人士不懂如何使用领带夹。领带夹本身不应该比领带更宽。如果宽了的话，就不要戴了（或者之后换条领带，也许还应换一件西服和衬衣）。

领带别针在 50 年前就非常流行，所以看上去有点复古。由于只是别在领带上的简单的别针，所以它们的材质可以是各种贵金属，外形也各异，甚至还可以在上边镶上钻石、红宝石或其他珠宝。领带别针通常有个小链条与后边的 T 字形金属连接，并穿过衬衣纽扣孔以保持领带处于正确的位置。这个别针类似外衣翻领上的别针，因为它的佩戴方式也是穿透领带和衬衣，以保持领带处于笔挺的姿态。因此，虽然领带别针可以很好地与丝织领带（woven silk，如绸缎面料）或粗织物领带搭配，如羊毛或羊绒领带（因为钉头小不会留下痕迹）等，但它不适用于细丝面料领带（fine silk，如真丝面料），因为钉头扎出的小孔不会完全消失。

何时可以不系领带

穿西服不系领带，比如参加网络游戏，是那些被误导的傻瓜们普遍支持的事情之一。我不知道这（不系领带）是一种叛逆，还是那些人根本无法忍受系领带，但不管是什么原因，都是误导。

法则 26

职业男士不系领带就不能穿商务套装。

大多数西服都需要搭配领带。西服颜色的千篇一律肯定需要更多的图案和纹理来平衡。此外，将无领带的休闲装与商务西服混合在一起是混淆概念。切忌这样做。如果你坚决反对系领带，那就别穿西服套装，找一件另类的夹克搭配裤子吧，或者多买一些休闲西服，配上颜色鲜艳一些的衬衣，这样一来，领带的缺失就不会那么明显了。你看上去会好很多。

口袋巾

设计师 R. 斯科特·弗兰奇（R.Scott French）曾说过："伟大在于细节。"[11] 当然，口袋巾是比领带细小的配饰，但它依然可以是一件漂亮的配饰。它可以带着希望和期待从胸衣口袋里向外窥视，如果你觉得能与它一起出门潇洒的话，你可以从领带、衬衣，甚至袜子中挑出一种含蓄的颜色或质地等元素使它"与之为伍"；或者它可以大胆地从口袋里"跳"出来，它的一角像向日葵一样在纯真的火焰中绽放，并在你整个着装的色系或纹理中大放异彩,让所有"人"向它致敬！这里的重点是，口袋巾所处的位置是你的正前方，就在你的胸前（是观察你个人外表的起点）。这是一个罕见的着装专属领域，它会多给你一个机会，在"男士着装法则"和个人品位允许的范围内，增加颜色，添加纹理。

---

11 美国时装设计师理事会，《追求风格：来自美国顶级时装设计师的建议和思考》（纽约：Harry N.Abrams，2014）。

Christian Kimber：克里斯汀 · 金伯（Christian Kimber）是一位出生于英国的设计师，现居澳大利亚的墨尔本，他的设计带有鲜明的个人情怀。受城市景观和世界各大首都的启发，金伯制作出的口袋巾经典，极具都市风情。这些独特的口袋巾主要是用羊毛、蚕丝混纺，外加手工扦边。

Fort Belvedere：由斯文 · 拉斐尔 · 施耐德（Sven Raphael Schneider）创立，该品牌暗指温莎公爵的王室官邸。Fort Belvedere 的产品系列包括口袋巾、针织领带、手套和其他配饰。口袋巾的型号是由制作面料决定的，其成品颜色丰富，以帮助职业人士实现所期待的个性化的需求。

Penrose London：由米切尔 · 雅各布斯（Mitchell Jacobs）创立于 2008 年，主业是手工制作领带、领结和口袋巾。独特的图案以及大胆的色彩组合体现了一种奇特的风格，每种限量版的口袋巾均由品牌内部技师设计，再由英国和意大利的厂家生产，原料多为丝、棉和羊绒等。

一些关于使用口袋巾的法则也值得注意。一条非常简单的法则是，如果你有口袋巾，就请随时使用它。没有比向有需要的人提供口袋中而更令人欣慰的了（如果对方是一位漂亮的女士和小孩会获得额外的分数）。如果口袋巾被弄脏了，不要把它放回原处。要么换，要么不带。一个成年男人明明带着口袋巾，却用手擦鼻子或满世界寻找纸巾，或者把擦完鼻涕的口袋巾放回胸前口袋里，甚是可笑啊。我不会花太多钱买口袋巾，但是我总是戴着它们。作为一件有用的配饰，我会经常替换的。

那么如何使口袋巾与其余的着装保持平衡呢？通常，口袋巾是你穿着整齐，步入绅士世界之前的最后一项准备，是为迎接挑战而准备的，这样的措辞可能会令人望而生畏。但是你也别多想，人世间没什么能够真正做到匹配完美的。事实上，如果什么都尽善尽美的话，看起来也会很没劲的，如像大多数 NFL 比赛的评论员一样完美。看看那由退役球员组成的解说团吧，每个人都穿得像 4S 店的销售人员。所以不要想着让你的领带与什么完全匹配！试着给领带增添点色彩，而且越含蓄越好。

> **法则 27**
>
> ───────────────
>
> *职业人士不应使其领带和口袋巾的颜色完全一致。*

如果看上去太明显，因为领带是单一颜色（或者只有两种颜色），那么就用一张带有多种颜色的口袋巾，其中口袋巾小部分的颜色和领带的颜色保持一致就行，或者和你着装上的另一件服饰的颜色一致也行。你的衬衣不是禁区，而且通常很容易与其他颜色搭配。如果你的花呢夹克上有一种精致而淡雅的颜色呢？那是完全可以和口袋巾匹配的。

品牌须知

───────────

Rubinacci：这个意大利品牌有着悠久的传统，可以追溯到三代以前，其品牌风格介于时尚潮流和传统之间。多少年来，Rubinacci 一直将那不勒斯优雅的原理与范式融入一种独特的风格之中，这种风格完美无瑕且与众不同。Rubinacci 对细节高度重视，设计独特新颖，产品闻名全球。

Alexander Olch：设计精美，由美国电影制片人亚历山大·奥尔克（Alexander Olch）开创。与其同名的配饰系列于 21 世纪初在纽约问世。开始，奥尔克还

The Laws of Style: Sartorial Excellence for the Professional Gentleman

应朋友之托，为电影剧组成员手工制作领带礼品。扎实的手艺，接地气的设计架构和精细的面料都使 Alexander Olch 的口袋巾成为职业人士的首选。

Tie Bar：这个总部设在芝加哥的美国品牌为顾客提供口袋巾、领带和其他配饰产品，其价位合理，款式多样，质量上乘。对于预算紧张的职业人士来说，Tie Bar 是个理想的选择。

口袋巾有许多不同的折叠方法可供选择，从保守到张扬的，乃至介于稀奇古怪的边缘叠法。许多人称为"经典"的折叠法本质上就是手帕的折叠方法，但我们并不是把整张口袋巾折进上衣口袋里，它的一些边边角角会凸显出来。"一字形"折叠法完美地提供了单一平整的边角，即露出的边缘是口袋巾的 1/8 ～ 1/4 英寸，它均匀、平行地突出于胸衣口袋之上。吹皱法（puff）与逆向吹皱法（reverse puff）没那么多的叠层，但是会添加那么点儿绅士范儿;像"三峰""翅峰"和"角峰"这样的山峰状折叠法需要一定的精度，但可以不断修正改进。较为复杂的折叠法，如"玫瑰叠法"和"楼梯型叠法"等更加费力，效果也更加正式，但是选择哪种叠法取决于你的喜好。总之，对于职业人士来说，上述叠法都是行之有效的。

牢记那句罗马法格言："不知法律不免责。"

10

商务休闲装

"穿着一败涂地的你无法登上成功的阶梯。"

——金克拉（Zig Ziglar）[1]

在男装术语中，商务休闲装是相互矛盾的。像大多数自相矛盾的表述一样，商务休闲装试图给一个坏主意贴上标签。这个坏主意源于客户想让专业人员看起来并不专业的想法，而且我们这些职业人士"也掺和其中"，因为我们曾经允许那种穿衣无法可依的状态大行其道，这种"无法无天"的混乱是我们这些职业人士以前不曾看到的。

20 世纪 90 年代后期网络热潮袭来，"休闲星期五"时尚潮流随之兴起。为了显得前卫（自认为具有"前瞻性"）和与众不同，互联网公司开展了面向客户的文化变革。他们不仅衣着休闲，而且连思维也变得更活跃了，想要让深受大

The Laws of Style : Sartorial Excellence for the Professional Gentleman

----

1　金克拉是美国作家、销售大师和励志演说家。

家信任的职业人士分享这种休闲时尚。在硅谷车库里身着 Old Navy 的工装裤和 snarky T 恤衫的哥们儿一夜间成了百万富翁。[2] 职业人士不得不与这位新的商业精英建立某种联系。

但是让我们都稍微停顿并回想一下，在 20 世纪 90 年代，我们都有一些错误、非常堕落的想法：Y2K、pets.com、gansta rap、grunge 音乐和 the Hummer。像那些错误和堕落的观念一样，90 年代商务休闲装是非常可怕的。穿得像比尔·盖茨（Bill Gates）对大多数人来说是件非常可悲的事情。身着 polo 衫、卡其色斜纹棉布裤，搭配一双船鞋，这是一代人的同质化和单调乏味的标志。坦率地讲，从时尚角度不得不说这身打扮非常失败。这是电子连锁店销售员不得不穿的，而不是任何有自尊心的职业人士应该选择穿的。然而，我们中的许多人都是这样穿的。可悲的是，我们中的一些人仍然这样穿。

然而，在互联网泡沫破灭之后经济再度持紧的时代，特别是在 2007—2008 年金融危机之后更是如此，周五着商务休闲装变成了一个冒险行为，而且很多职业人士又恢复穿西服（尽管大多数时间没有打领带！）和看起来不太休闲的裤子。[3] 当我们蹒跚地走出经济大衰退时期，且在大多数金融和其他领域公司的情况看起来似乎有好转时，每周一天在工作场所着休闲装的企业文化逐步被侵蚀。

在要求着正装到全天穿商务休闲装的运动中，公司已经阐明了很多理由：如我们被告知的那样，聘用千禧一代，他们有更随意的着装方式；要让初级助理级别的员工保持开心和舒适，从而不会跳槽去他们认为可能更"有趣"的地方；遵循现实情况，许多企业已经变得随意且期望他们的职业人士能够紧跟时代潮流；甚至还有一些与性别平等有关的法律要求。[4] 无论出于什么原因，休闲

2 詹妮弗·博森（Jennifer Booton），《Facebook 的一夜暴富的百万富翁开始疯狂消费狂欢》，福克斯商业，2012 年 5 月 18 日。

3 为什么男装运动的发生会需要人们用工作冒险，这对我来说是一个谜，但事实就是如此。

4 纽约市人权委员会在 2015 年宣布了新的指导方针，明确禁止企业强制执行基于性别差异的有关办公室着装规范、制服和装扮标准的不同要求。因此，除非女性也被要求佩戴领带，否则雇主不能要求男士佩戴领带。

星期五现在已经扩展到许多公司，进入全日制商务休闲环境。除非有预约好的客户会议，否则职业人士不需要穿西服打领带。在 J.P. Morgan Chase & Co.、Millbank、Tweed Hadley & McCloy LLP 和 PricewaterhouseCoopers 以及 LLP 等公司都是这样。[5]

全天着休闲装象征着权利从雇主转移到雇员，从机构转移到个人。[6]太棒了！[7]但是它也很有可能使某些职业人士回到青春期时代，穿着风格更像大学生或者研究生。简而言之，变丑了。

> "我们的孙子们会笑话我们的，因为我们这一代人
> 将牛仔裤和厚运动裤混为一体：'每个人都那么懒吗，爷爷？'"
> ——乔恩·卡拉曼莎（Jon Caramancia）[8]

为什么我们之间存在这种矛盾的心理？对于不得不找到时尚风格的希望渺茫而感到泄气？一般性的冷漠会为再搞砸一件事儿萎靡不振？懒惰？

Town & Country 男装编辑 G. 布鲁斯·博伊尔（G. Bruce Boyer）说："认为衣服并不重要，我们都应该穿任何我们想要的衣服，这种想法既荒谬又愚蠢。大多数人都没有给予着装足够重视，但无论怎么样，你的着装会跟我们交流，我们会根据人们的外表作出一些决定。"在着商务休闲装时，是否存在一种固有的、令人烦恼的傲慢？像是在对客户说："我的工作很容易，任何一个懒人都可以做到。"我觉得有。

穿着商务休闲装是否意味着"男士着装法则"可以"不被遵守"[9]，并且可以

5　雷·A·史密斯（Ray A. Smith），《衣柜建议：男性办公时装应回归休闲》，《纽约时报》，2016年8月10日。

6　凡妮莎·弗瑞德曼于2016年5月在《纽约时报》发表的文章《办公室着装规范的终结》。

7　此处原文为拉丁语：Optime!

8　乔恩·卡拉曼莎于2016年3月10日在《纽约时报》上发表文章《挑剔的购物者：与我内心的 Diesel 的短暂之旅》。

9　在交易术语中，意为你可以自由地去市场。

The Laws of Style: Sartorial Excellence for the Professional Gentleman

随便自由地解释什么是你认为得体的。不，朋友，不是这样的。事实上，这些法则在这个混沌的世界（Chaosrealm）[10] 变得越来越重要。被邀请穿相对安全的西服以外的服饰既是一种挑战，也是一种自由。穿着得体、用休闲的服饰展现能力和才干是我们要达到的目的。[11] 但是，这个标准很高。正如我们上面所讨论的那样，该套装是适合职业人士的制服。如果搭配得好，它既能掩盖我们的体型缺陷，又能突出我们的身材优势。大多数运动装或者休闲服装往往都不会达到这样的效果。因此，公认的休闲装可接受的搭配方案比较少，坦率地说，更多的着装搭配某些体型的人穿着会比另一些体型的人穿好看。还有一个基本问题是经常需要混搭（而不是仅仅作为套装搭配）裤子和上衣，这个难度系数很高。

法则 28

职业人士不能随便穿休闲装。

不要害怕，有品牌相助，零售商也适应了这些新的变化和挑战。[12] 虽然非常丰富的选择令人胆怯并增加了着装搭配的难度，但它们也令西服之外的服饰搭配成为美的艺术。让这些法则引导你搭配出能体现你精明能干且气质优雅的休闲服饰。

彰显个性的 odd 夹克（The Odd Jacket）

彰显个性的"odd Jacket"这个词并不意味着怪诞或奇怪。它只是意味着一

10　Chaosrealm，也被称作 the Realm of Chaos，是 Mortal Kombat 视频游戏系列里的一个王国。

11　"如果你做得对。你可以整夜去。你身上的阴影突然出现在光明中。"Daft Punk《做得对》，出自《超时空记忆》专辑 (*Daft Life and Columbia Records*, 2013)。

12　像过去在世界著名的奢侈品百货 Saks Fifth Avenue 的 Eric Jennings 以及其他男装天才们意识到这次向休闲商务方向转变带来的巨大的零售商机。

件与西服外套不同、专门设计和制作、用以与对比强烈的裤子一起搭配穿的夹克。 odd 夹克和裤子搭配衬衣、polo 衫、T 恤衫或者针织打底衫，打或者不打领带都可以，这是典型的保守商务休闲装。总而言之，它并不是成套搭配的套装，并且很难用某种风格将其统一起来，它作为职业人士穿的商务休闲装穿着非常安全。

蓝色西服外套（The Blue Blazer）

这是职业人士最保守、最安全的非套装选择，但仍然非常时尚。我的朋友汤米·希尔费格告诉我，当身着"一条完美的磨损泛白牛仔裤，搭配一件清爽的白色、低扣衬衣，一件藏青色的西服外套和一双休闲鞋"时，他感觉最像自己。除了 Tommy（和世界上大多数人）对牛仔的迷恋之外，蓝色西服外套的基本款是一种被普遍接受认为优雅、耐穿、线条分明的款式，它正努力成为你在不穿套装时休闲装的首选。

事实上，西服外套也有其他颜色 [13]，有些颜色相当显眼。除非你赢得了大师赛或者国会杯，否则不要穿这些显眼的颜色。[14] 严格来说，西服外套就是一款纯色的 odd 夹克（或粗体彩色条纹和 / 或对比强烈的条纹花饰，除非你去参加英格兰帆船赛，否则不会穿这种款式）。这种西服外套可以是单排扣或双排扣，最显著的特征是都有颜色对比强烈的纽扣，如黄铜、白镴、银或珍珠母色。西服外套也可以在胸前口袋上佩戴与大学、体育俱乐部或者品牌相关的饰章。请不惜一切代价避免这样做。

----

13 事实上，有一种理论认为，西服外套这个词本身来自 Lady Margaret Boat Club（由剑桥圣约翰学院的 12 名成员于 1825 年创立）所穿的红色夹克。由于他们所穿的夹克"闪耀亮光"，显得很活泼，夹克被命名为"开拓者"。
14 佐治亚州奥古斯塔的高尔夫锦标赛冠军获得了绿色外套作为奖励，而长滩游艇俱乐部的国会杯帆船赛则奖励获胜者深红色的外套。

The Laws of Style: Sartorial Excellence for the Professional Gentleman

---

J. Press: 1902 年 Latvian Jacobi Press 在耶鲁大学校园里创立了 J. Press 品牌。目前公司在纽约、华盛顿特区以及马萨诸塞州剑桥市运营。在日本规模比较大，1986 年 J. Press 被日本服装公司 Onward Kashiyama 兼并，此前的 14 年，Onward Kashiyama 一直是 J. Press 的特许经销商。自成立以来，J. Press 公司服装的款式保持不变，公司主要生产传统三粒纽扣款成衣。

Brooks Brothers：它是美国历史最悠久的服装零售商，第一家店创立于 1818 年。Brooks Brothers 于 1848 年推出成衣产品，继而成为全球男士、女士和儿童成衣套装、其他服装和配饰的主要经销商。凭借"量身定制"（Made to Measure）系列产品，Brooks Brothers 延续了 1818 年开店时引以为豪的定制西服传统。该品牌在保持适中价格的同时已成为时尚创新和高品质的象征，在全球市场中始终处于领先地位。

Ring Jacket：这个日本品牌有 60 多年的历史，大阪工作室的工匠运用手工缝制技术，采用全毛衬工艺定制生产服装。Ring Jacket 以其独特的面料而闻名，该品牌与世界上最好的工厂合作开发独家面料。一款具有独特意大利风格的精美日本服装以现代舒适的方式为职业人士重新诠释什么是经典服装。

只要你不穿相同色调的裤子，蓝色西服外套几乎可以与任何服饰搭配。因此，为了很好地凸显西服外套的深蓝色效果，可以穿领尖有纽扣的浅色衬衣，从浅白色到任何色调都行。只要是类似的浅色调，外套里面搭一件 polo 衫也行得通。所有的裤子都可以搭配蓝色西服外套，即便你必须穿牛仔裤，只要蓝色色调浅一些就行：

斜纹棉布（Chinos）——如果缺乏想象力的话可以穿斜纹棉布休闲裤，斜纹棉布休闲裤是对蓝色西服外套与军装搭配的一种认可。蓝色西服外套可以和任何颜色的斜纹棉布休闲裤搭配。如果你想穿得更具 preppy 风格，甚至可以穿白色（但仅限夏季）或楠塔基特红色。戴不戴领带都可以。

法兰绒（Flannel）——这是对商务蓝色西服外套的经典诠释。这种组合是安全的，是最接近职业人士的套装。法兰绒长裤应为浅灰色、炭灰色或驼色，搭配白色或蓝色礼服衬衣和领带。

灯芯绒（Corduroys）——男装的一种进步。确保西服外套有足够的重量和质感与灯芯绒裤搭配（即认为法兰绒不是亚麻布，甚至不是经典的海军哔叽布料——它是一种非常平且无网纹的布料）。避免穿宽松的凸条纹灯芯绒裤。深且丰富的颜色看起来很棒，如紫红色或锈色。如果非常冷，可以搭配礼服衬衣和针织衫。

鼹鼠皮（Moleskin）——一种经过抓毛剪毛工艺处理的绒布面料，适用于灯芯绒长裤的注意事项同样适用于鼹鼠皮面料的裤子。虽然你可以穿着更休闲的布料，像牛仔布料或者靛蓝青年布（chambray，吸引力仅次于藏青色布料），但仍需要更重一些且有一定质感的西服外套，并且必须穿着礼服衬衣。棕色鼹鼠皮裤的色调效果最好。

穿着蓝色西服外套时要注意的其他一些细节:尝试与金属配饰相搭配。因此，如果你的蓝色西服外套像大多数外套那样有金色、黄铜色或银色纽扣，那么请尝试使其与你的皮带扣和你可能佩戴的任何其他金属搭配（例如皮带扣、手表、鞋钎子和袖扣）。[15]

粗花呢运动外套（The Tweed Sport Coat）

粗花呢外套是另一件必备单品，它既时尚又可以灵活搭配。粗羊毛花呢材质特别防潮、耐穿，可以抵御恶劣气候。因此，几百年前它基本上引领了英国

15　参见第 11 章关于混合和匹配的内容。

岛屿上最早的"运动休闲"时尚。粗花呢外套成为英国贵族体育活动的首选服装，扩大了贵族们得体服饰的选择范围。在阿尔伯特亲王购买巴尔莫勒尔城堡和设计了相应的粗花呢之后，粗花呢在上流社会人士之间风靡，其他庄园主纷纷效仿，定制他们专属的花呢服饰。[16] 这非常有趣。

哈里斯（Harris）花呢是世界上唯一一种商业化生产的手织花呢，也是唯一一种受特定法律保护的花呢，在 1993 年的哈里斯特威德法案中定义为"在苏

格兰外赫布里底群岛（Outer Hebrides）由岛民在家中手工编织而成，在外赫布里底群岛完成制作、用未经加工过的羊毛染色纺制而成"。粗花呢是一种粗糙的羊毛，通常用平纹、斜纹或人字形结构编织而成，纱线中的各种颜色效果是通过在编织前混合染色羊毛而得到的。

粗花呢夹克的流行图案包括千鸟格、窗格纹、哈里斯花呢、灰色 Donegal 格纹（又叫鸟眼格纹）、威尔士亲王钦定款[17] 和人字形图案等很多。购买第一件夹克，选哈里斯花呢是不错的。

大多数花呢夹克可以与衬衣很好地搭配，其颜色可以选择花呢颜色中的任何一种。你或许会想选择比较厚重的棉布料搭配同样质感的粗花呢面料。至于裤子，任何厚重感强的都很好。灯芯绒裤子（最好是凸条纹款）当然是绝佳的搭配，法兰绒裤也是不错的选择。骑兵斜纹裤、斜纹棉布裤和牛仔裤也适用于职业人士。斜纹棉布休闲裤可用来与质感轻的粗花呢（上衣）搭配。但请注意，质感较轻的粗花呢不适合喜欢在英国居住的人，因为粗花呢这种面料并不是为暖和天气设计的。在英国穿薄花呢外套，有点像在卡车上放一个后扰流板。

16　1848 年，阿尔伯特亲王第一次访问巴尔莫勒尔城堡，并于 1852 年买了下来。他设计了庄园粗花呢（Balmoral Tweed）：灰蓝、灰白与深红交织的羊毛纺线，如同巴尔莫勒尔周围的花岗岩山脉。围猎活动需要一定程度的隐蔽，以避免动物，尤其是鹿群对人类的警惕和关注。庄园粗花呢完美地实现了这一功能，远远望去，灰扑扑的颜色，和周围的环境十分融合。

17　威尔士亲王钦定款最早是由爱德华七世御用的。

非结构化西服外套（*The Unstructured Blazer*）

更多休闲西服外套选择采用 odd 夹克的典型版型，但并不刻板。这些夹克面料柔韧，更休闲。我之前提到过的结构化西服外套和非结构化西服外套最大的区别在于垂感。非结构化西服外套对体型的束缚弱一些，它们并非贴身剪裁，我们第 7 章讨论过的西服衬垫、内饰和衬里都被去掉，这样使它们穿起来更加柔软、随意。

这款西服外套与你肩部的贴合度更好，确保外套垂褶更接近你的身体。与结构化西服外套相比，这样的设计使这款外套更加自然合身。虽然质感通常较轻，但它们也可以制作成质感较厚重的款式。当然，在休闲方面更具洞察力的意大利人这款衣服做得比较好，Brunello Cucinelli 是非结构化精致西服的主要销售商，擅长制作该款服装的其他品牌包括 Boglioli、Berluti 和 Massimo Dutti。Steven Alan、Reiss 以及 LBM 1911 这些品牌的非结构化西服价格也比较公道。与其休闲的特性相一致，不刻板的西服外套通常没有衬里（或者只是袖子有衬里），主要特征有外露接缝、外补口袋和可以卷起来不显得独特的工作袖口。它们还可以有两个以上的扣子，比如三个甚至四个扣子的版型。如果采用这样的版型，可以减少翻领并使夹克更加随意。

首次购买非结构化的西服外套，可选择的颜色有很多种，如深蓝色、棕色调成的燕麦片色或灰色调。搭配同系列的休闲裤。对比色强的斜纹棉布休闲裤效果就很好。并不是说我只会在职业人士度假时才为他们提供这样的建议，我看到有事业进取心和穿着考究的意大利职业人士穿着这样的西服外套，搭配高腰裤和布面藤底凉鞋。

Berluti：意大利鞋匠 Alessandro Berluti 于 1895 年创立了 Berluti 品牌。作为一家专注于精细工艺的鞋业公司，Berluti 品牌融汇传统与时尚精髓。如今总部位于巴黎的 Berluti 是 LVMH 的子公司。虽然 Berluti 在鞋类行业保持着强大的传统地位，但通过收购巴黎裁缝店 Arny's，它也已经扩展到成衣和男装定制领域。该品牌的在售服装不仅因其完美无瑕的风格和对细节的关注而著称，还因其对舒适性的关注而闻名遐迩。

LBM 1911：来自意大利曼托瓦省的路易吉·比安基（Luigi Bianchi）于 1911 年创立了自己的奢侈男装品牌。像许多伟大的意大利公司一样，比安基的公司现在是一个家族产业，但它已经从一条产品线发展成一个服装定制公司，旗下拥有两个独特品牌生产线：一个是休闲的 LBM 1911；另一个是经典的名牌 Luigi Bianchi Mantova。两条线融合了精致的面料和专业的制作，在职业人士服装品牌中打出了知名度。

Orazio Luciano：与其精致的西服套装相似，由那不勒斯裁缝 Orazio Luciano 定制的 odd 夹克的特色之处在于颜色和款式柔和，肩膀是衬衣样式，口袋是弧形的。从扣眼的锁边到双排的锁边，很多地方都是手工缝制，很注重内里的细节。这些衣服都价格不菲。

一旦你拥有了质量好、穿着合身的基本款 odd 夹克，就可以进阶到更高阶的装扮：面料超适合不同季节穿的不同款式（想想冬天厚重的花呢和夏季最轻的亚麻或泡泡纱）、特殊颜色、图案等等。下面是一些比较稀有的范例。

更多粗花呢——千鸟格、条纹或格纹

粗花呢适合秋季、冬季且色彩丰富，可以制作出非常棒的 odd 夹克。千鸟格的特点是由特殊的重复几何图形构成接近方格的图案。苏格兰人在 19 世纪创造的千鸟格一词，是指特定区块内突出的锯齿状图案。在条纹和格子花呢中添加一条或多条条纹，在基本的平纹斜纹花呢基础上形成窗格纹图案，增添了布料的色彩和独特性。一款花呢西服外套可以采用皮革肘部贴片和皮革纽扣设计。在传统的棕色版本中，带有重森林绿色和紫色窗格纹（或更窄的格纹）图案，它特别有运动风格。黑色和白色款式更加时髦，适合都市之风。颜色搭配有无限组合。作为一款 odd 夹克，粗花呢西服外套是一款百搭产品，可以与灯芯绒、斜纹棉布和牛仔等较厚重面料的裤子，以及更正式的灰色法兰绒长裤完美搭配。

灯芯绒（Corduroy）

灯芯绒是一种棉制起皱的天鹅绒面料，表面覆盖着一层凸出的条纹。灯芯绒面料以每英寸含有的条纹数来描述。显然，每英寸布料含有的条纹数量越多，条纹就越细。因此，16 条纹灯芯绒比 8 条纹灯芯绒更精细，不容易用肉眼分辨（标准灯芯绒一般每英寸有 11 条纹）。多于 16 条纹的精细灯芯绒有时被称为"pincord"或"needlecord"。

灯芯绒夹克由内而外散发着休闲和秋天的气息，面料上条纹的多少将灯芯

绒夹克的正式程度分成不同等级。pincord 有几分正式，甚至可以用作藏青色西服外套的材料，而条纹分布较宽的灯芯绒则用于制作棕色和绿色乡村色彩浓郁的运动外套。为了适合在秋天穿，且具有休闲性，这些 odd 夹克设计有翻盖口袋和皮革纽扣，皮革纽扣用以确保翻领在恶劣天气下能扣紧。灯芯绒应该始终是单一的纯色。肘部贴片一般采用皮革或绒面皮。灯芯绒和光滑、纯色服装搭配最佳，这种搭配有助于凸显其独特的质感。因此，编织紧密的轻质棉休闲裤肯定会很好搭配。

我喜欢灯芯绒 odd 夹克，但很难找到高品质版型。我有几件 Steven Alan 品牌的灯芯绒夹克，穿着还不错。其他美国品牌像 Ralph Lauren、J. Crew，甚至 Orvis，会定期推出灯芯绒单品，但更好的品牌并不季节性地推出高端版灯芯绒夹克。因此，如果你遵守"男士着装法则"29 条，看到你喜欢的品牌出了这一款衣服，那就赶紧去抢一件吧。

品牌须知

Massimo Dutti：始于 1985 年的西班牙品牌 Massimo Dutti，自创立之初就专注于男装时尚。目前，拥有超过 869 家门店的 Massimo Dutti 已经扩展到女装和童装领域。该品牌将穿着 Massimo Dutti 服装的男士描述为一个注重个性但同时对多元文化很敏感的人。该品牌服装专门为衣着考究、注重细节的都市男性打造。Massimo Dutti 将不同质地的面料和时尚款式相结合，打造出独特的外观。该品牌的 60 多家门店为男士提供个人化剪裁服务的成衣系列。

Steven Alan: 这个美国时尚品牌已经被时尚人士熟知和喜爱。史蒂文·艾伦·格罗斯曼（Steven Alan Grossman）于 1994 年创立了 Steven Alan 精品店和陈列店出售其他设计师的服装。Steven Alan 于 1999 年推出了自己的成衣系列。该系列以在传统的服饰中添加更加时尚和前卫的元素而闻名，例如标志性的

亚麻非结构化西服外套（*Linen Unstructured Blazer*）

它是夏天必备夹克，适合天热的时候穿。亚麻西服外套必须是非结构化的，且具有之前所描述的所有非结构化西服外套的优点。面料褶皱的效果必须让人接受且让穿着者充满自信。事实上，我在穿之前会故意把亚麻西服外套弄上褶皱和凹痕，这样在第一次不可避免地弄皱时就不会感到沮丧。

浅色亚麻西服外套搭配清爽的白色棉质衬衣，在炎热的日子里可以营造出一种专业质地的对比效果。Loro Piana 和 Boglioli 制作了可爱的奶油色和燕麦色亚麻西服外套。根据"男士着装法则"，穿着亚麻西服外套是一种高级的着装行为。不言而喻，亚麻西服也是为公司总裁或合伙人保留的。

马德拉斯格纹（*Plaid Madras*）

马德拉斯格纹面料是一种纯棉平纹细布，采用彩色染料套印或绣制精美图案。编织很简单，生产出适合潮湿炎热气候的透气轻质面料。[18] 马德拉斯格纹图

18　马德拉斯格纹面料以印第安同名城市（现称 Chennai）的名字命名，从那里它首次进入西方。那里很热。

案是美国东北部私立预备学校的学生夏季衣橱的常备品。在 20 世纪 60 年代，这种面料的夹克（以及短裤）在常春藤联盟的精英中非常流行。[19] 马德拉斯格纹西服外套可以有任何颜色组合，通常不会显得沉闷。由于具有醒目的特征，马德拉斯格纹西服外套与纯色领带、衬衣以及对比强烈的纯色裤子搭配最佳。

还有拼接马德拉斯格纹夹克，它是将多个马德拉斯格纹织物样品拼接在一起制成的"go to hell"（简称 GTH）版本的西服外套。穿上这款夹克是要告诉大家，你想穿什么就穿什么，如果他们不喜欢，就让他们下地狱去吧。GTH 版的马德拉斯格纹西服外套不适合职业人士在办公室穿着。像 J. Press、Brooks Brothers 和 Ralph Lauren 这样的传统服装商提供多种版本的马德拉斯格纹西服外套。作为春夏商务休闲单品，衣橱里有一两件即可，无须太多了。

品牌须知

Loro Piana：洛罗·皮亚纳（Loro Piana）家族在 19 世纪初以经营羊毛织物起家。Loro Pianna 是一家专注于奢侈羊绒和羊毛产品的意大利公司。Loro Piana 品牌经过垂直整合，成为"从绵羊到西服"只销售自己面料产品的最大生产商之一。因此，该品牌的西服、针织品和其他衣服都很精致。

Boglioli：Boglioli 是总部位于意大利布雷西亚（Brescia）的品牌。其剪裁技术和西服制作技术都处于行业领先地位，这个家族企业在男女服装行业不断追求卓越，品牌以设计轻巧、剪裁干净利落的西服而闻名。他们出售从真丝羊毛混纺到灯芯绒各种面料的西服。

19　或许要强调与常春藤的这种联系，应该指出的是，马德拉斯于 1718 年首次在美国出现，作为当时马德拉斯伊莱胡耶勒州长和康涅狄格大学捐赠的一部分。具有讽刺意味的是，马德拉斯在印度并不受欢迎，因为它与主要由劳工阶层穿的某些类型的纱笼（译者注：马来群岛和太平洋岛屿的传统裙装）有关。

针织物（Knits）

针织物涵盖了各种各样的服装，但我们在这里主要讨论的是针织衫（或美国白人倾向用的"针织套衫"）。针织面料包括适合夏季的棉线，适合冬季的羊毛，以及一年四季都可以穿的最柔软、最值得拥有的羊绒。

针织毛衣款式繁多，从实用、耐用到时尚、精致都有。有些舒适、吸引人的款式适合在工作场所穿着，也有些款式尽量避免选择。

穿着宽大笨重的毛衣会让你看起来又胖又笨，会破坏你想在办公室打造的精明、干练的形象。[20] 而且，你穿着这些非常实用的户外针织衫会觉得太热了。办公室室温总是大约 21 摄氏度，所以任何你要穿一天的毛衣都必须是轻薄的。你还是把爱尔兰渔夫电缆扣针织衫和大型北欧棒形纽扣针织衫留着到户外穿吧。你也可以把大多数针织衫穿在夹克或者大衣里面，多一种色彩选择的同时，打造出漂亮的质地差异。

此外，纯色是最好的。你的针织衫将作为整体服装的一部分在办公室里穿着。它们不应该太显眼。因此，请将费尔岛杂色（Fair Isle）图案和印花留着休闲活动时穿吧。

考虑到今天大多数针织物都采用的现代修身款式，需要注意的是要了解自己的身材以及可以穿和不能穿的衣服。警告标志（warning sign）。[21] 与合身的运动外套不同，合身的毛衣在肩膀、胸肌（或缺乏胸肌）、手臂和腹部的状态等方面几乎没有给人们留太多想象的空间。我想起了自己职业生涯早期就认识的一

20　这个一般规则的唯一例外是作为夹克穿的开衫，下文详述。

21　The Talking Heads 乐队的《警告标志》，出自歌曲《关于建筑物和食物的更多歌曲》（*More Songs About Buildings and Food*）（Nassau 的指南针点工作室出品，1978 年）。

位天生聪慧（但身材不佳）的证券律师。他三十多岁，长时间工作，在办公室吃 Shun Lee Palace 外卖，核对'34 法案披露文件，任凭自己的身材走形。然而，或许是因为怀旧或者被误导，他始终对自己在达特茅斯（Dartmouth）大学就读本科时穿的可爱版羊绒衫系列情有独钟。当初他的身材苗条些，如今让人难以置信的是他竟能把自己硕大的身躯塞进这些旧毛衣里。他那凸起的肚子、圆润的胸肌和后背的脂肪把可怜毛衣的每一根纤维都撑起来了。他看起来像一个反派主角。就像纽特·金里奇（Newt Gingrich）穿着紧身衣，即将表演一些令人讨厌的节目。当他穿着 J. Press 的 shaggy dog 毛衣时，他看起来真的像一只毛茸茸的狗。这很令人伤心。他本人其实比外表看起来强多了。这里我们应该吸取的教训是，如果你想穿修身的毛衣，请保持身材。

品牌须知

Berg & Berg：这个始于 2009 年的挪威品牌打造了一系列最高品质的男装产品。其目标是使每件产品成为你衣橱里值得信赖的朋友：万分喜爱，精心呵护，在未来的很多年里你也非常享受穿上该品牌衣服的感觉。Berg & Berg 针织衫是在苏格兰和意大利这两个以制造高端针织品闻名的地方生产的。在苏格兰，他们与世界上最著名的针织品和围巾制造商之一的 Johnstons 合作；在意大利，他们与一家专门生产精美美利奴羊毛和棉针织品的家族企业合作。

Uniqlo：这家强大的日本针织品集团创建于 1949 年，当时是总部位于山口县的 Ogori Shoji 公司，后来它在广岛开设了名为"Unique Clothing Warehouse"的男女皆宜的休闲服装店。Uniqlo 以低廉的价格、时尚的款式引领简约、合身、优质针织品潮流。

Sid Mashburn：这家面向美国南方的零售商也推出了纯色自有品牌毛衣单品。

圆领（Crew Neck）

圆领毛衣是一款经典、简约、实用的单品。针织长袖 T 恤适合各种场合穿。要注意当你在里面穿衬衣打领带时，圆领衫会露出衬衣的衣领和袖口很少的部分，领带会露出领结。[22] 所以你要考虑领带怎么与毛衣相衬，还要和衬衣领相协调。选择面料厚重、针织或有纹理的领带可能会有些过；相反，坚持佩戴经典的丝绸款，专注于适合你的颜色 / 图案混搭会是不错的选择。 领带或衬衣穿得夸张点没关系，因为两者都露得比较少，但是不要两者都很过，因为领带和衣领搭配起来会产生冲突。此外，领带结打得如何至关重要，力争打出一个小窝与领结形成良好的平衡。

圆领毛衣的基本特性允许你在打造更精明外表时考虑有纹理的质地。华夫格针织或略带罗纹、搭配丰富、颜色互补的针织衫是最佳选择。 这将为套装或 odd 夹克增添一个固定的兴趣点，和领带搭配协调的同时保持一定程度的着装正确性。 如果你想把领结往上打一点，那就请选择像橙红色、蓝绿色或混合色这样鲜艳的颜色，但只能在夹克里面这样穿，否则你的整体着装将会面临极大风险。

V 领（V-Neck）

V 领毛衣同样是经典款。同样, 非常重要, 值得注意的是, 当你在里面穿衬衣、打领带时, V 领不会露出很多衬衣（只有衣领、袖口和胸部的一小部分）和领带（只是领结和领带的上面几英寸）。 但是，由于 V 领让颈部和胸部有更多的空间以便于呼吸，所以你可以更好地炫耀一下精心搭配的衬衣和领带。V 领毛衣颜色的选

22　显然，如果你穿着开襟领羊毛衫比穿圆领，领带会露出得多得多，穿圆领毛衣比穿 V 领毛衣领带露出也要少一点。

用要审慎一些，但请注意，如果将它穿在夹克里面，颜色的选择可以更加大胆些。对于颈部较短和／或脸圆的人来说，穿 V 领可以显得脖子长、脸瘦些。在任何工作场合，切勿在穿着 V 领（或任何深领针织衫）时，里面不搭配衬衣。这会让你看起来像一个俱乐部老板，而不是一位职业人士。

法则 30

职业人士必须在深领针织衫内穿衬衣。

高圆翻领（Polo）

职业人士可以穿着多种多样适合办公环境的高圆翻领。因为有独特的衣领，高圆翻领衫不用和夹克搭配也能非常吸引人注意。层叠在衬衣和领带的外面，敞开几个扣子或者拉链下拉，以更好地展现领口的威严，双领打造出独特的外在形象，显得非常精明。[23]

高圆翻领也可以单独穿在外套里面（里面只穿一件内衣 T 恤），给人穿着整齐的感觉。当这样穿的时候，我鼓励你穿一件不会外露的内衣 T 恤（例如 V 领或宽的汤匙领），高圆翻领的扣子一直往上都要系上或者只解开一个扣子给人以清爽的感觉。高圆翻领衫也可以穿在夹克里面，配上衬衣和领带，就像上面提到的圆领衫和 V 领衫那么穿。然而，这个三领效果（"三领效应"）展示，包括夹克翻领、高圆毛衣领和衬衣领搭配在一起通常会显得有点乱。[24]

高圆翻领毛衣适用于肩部柔软或非正统西服。正式的清爽剪裁西服与非正式的高圆领并不搭。

23　高圆翻领针织衫有纽扣和拉链两种版本。在搭配大多数夹克的情况下，扣子版看起来更合适。拉链版本更具现代感和时尚感。

24　它实际上是一个翻领（夹克）和两个领子（高圆翻领衫和衬衣），但在大多数情况下它仍然显得累赘。

青果领（*Shawl Collar*）

青果领为垂褶领口，通常采用罗纹针织面料，可以直立并优雅地环绕颈部和上胸部。 在夹克下面穿披肩领毛衣可能是一个挑战。 虽然这款衣领产生了一种引人注目的轮廓感（比标准的 V 领或圆领更能吸引注意力），但也增加了臃肿感。它有一种以貌似邈遐的方式露出翻领的趋势，同时也与高翻圆领一样继承了"三领效应"。对于想尝试把它穿在夹克里面的职业人士，请确保穿一件确实能够达到预想效果的高质量版型。如果穿着正确，这个领口可以令具有层次的着装具有真正的深度感，并为简单的衬衣和领带搭配增色不少。

在商务休闲环境中，单穿青果领衫也是可以的。你颈部和上胸部的深度将领带衬得无可挑剔，恰到好处地展示领结和部分领带，效果极佳。

开襟衫（Cardigans）

开襟羊毛衫看起来具有学者风范，且很谦逊。因此，许多职业人士更喜欢将它们作为商务休闲装的标准，但这里并非指它穿起来看上去像个老爷爷。在过去的十年中，开襟羊毛衫经过了很好的改良，许多品牌都提供更合身、更显瘦的款式。传统的开襟羊毛衫仍然是格子衬衣的绝配，但是一件剪裁精良的开襟羊毛衫，配有皮革肘部衬垫、大块皮革甚至是棒形纽扣，可以替代麻布外套，再搭配一条领带，是商务休闲装的基本款，看起来很特别，棒极了！

薄开襟衫的穿着方式与青果领和高圆领的套头衫相同。当心三重领效应，可选择穿轻薄纯色款搭配外套。纽扣扣好（除了最上面一颗扣子）。穿开襟衫不扣扣子总是看起来很邋遢、无能、不优雅。

毛衣背心（Sweater Vests）

毛衣背心是一个很好的选择。它很适合穿在夹克里面，如果你的夹克臂下没有多余的空间。不穿夹克，单穿毛衣背心，衬衣可以露得更多（不仅仅是领子和袖口），让你的整体着装有明显的对比。纯色的毛衣背心搭配互补色的格子图案或条纹衬衣，是万无一失的商务休闲装搭配。无袖的款式会让你在办公室室温下感觉更舒适。

毛衣背心有开襟、圆领和 V 领设计。开衫款毛衣背心最好不搭配夹克（避免二者前面的纽扣相冲突），而圆领和 V 领的薄羊绒或美利奴羊毛款背心穿在夹克里面效果最佳。

高领毛衣（Turtleneck）

高领（或翻领）毛衣是一个更大胆的单品，经常让人想起令人毛骨悚然的

Dianetics 审计员或法国哑剧演员的形象。 但是在过去的十年里，高领毛衣有了很大的改进，一些品牌提供超薄、更柔软、更轻松的款式，看起来更酷，而且确实更酷了。 尽管如此，体感温度调节在这里仍然是一个普遍适用的警告：在办公室里穿着高领毛衣，职业人士容易感觉过热，因此要按照气温规划好衣着。不要在高领毛衣里面穿礼服衬衣，只穿最轻薄的圆领 T 恤衫即可。不要穿厚重的高领毛衣。 你不仅会感觉自己要被蒸熟了一样，而且这些款式不适合穿在夹克里面，它对办公室这种场合来说太随意了。

高领毛衣搭配西服是经典标准的休闲装，看起来非常前卫。为了达到最佳效果，你可以选择在双排扣夹克里穿高领毛衣，但要遵守着装法则（即你最好已经有一些资历了再这样穿）。翻折领子时，请确保高翻领是平整的，而不是向下耷拉的。

至于毛衣颜色的选择，请选择中性颜色，如灰色、驼色，以及有点暗，但是百搭的黑色。藏青色和紫红色也可以。穿与夹克产生微妙对比的颜色，或者尝试相似的色调，这两种搭配都可以让你看起来很不错。

长裤

单独一条裤子通常是非常必要之恶。我的意思是，你不得不穿裤子，但是由于它们在人身体上不太明显的区域，它们可以为男装剪裁设计提供发挥的余地，为古板的套装增添一抹生机。 虽然着装法则不允许预备学校的小伙子在办公室里穿喜欢的 GTH 裤子，但如果其他服装需要增添一些魅力，我们可以冒一些风险。有许多不同类型款式和面料的商务休闲裤装可供职业人士选用。

斜纹棉布休闲裤

由棉花斜纹布或华达呢（gabardine）制成，斜纹棉布休闲裤在商务休闲

The Laws of Style: Sartorial Excellence for the Professional Gentleman

环境中无处不在。斜纹棉布休闲裤比较正式，可以在办公室穿，但显然不能作为西服套装的裤子穿。斜纹棉布休闲裤可以在除冬天之外（在温带地区，如在洛杉矶的冬天也可以穿斜纹棉布）的所有季节穿，符合休闲装的舒适度要求。

品牌须知

J. Crew：总部位于纽约，在美国拥有数百家零售店。J. Crew 是一家美国专业零售商，通过各种渠道为客户提供服务，包括零售店、网站和工厂店。该品牌销售男士、女士和儿童的服装和配饰，销售休闲装、泳装等各种商品。该品牌强调服装应该居家的概念，并鼓励用色块、夸张的图案和让人感到快乐的色彩。它们时尚前卫，价格也很合理。

PT01：这个意大利品牌推出了一种更休闲但同样精致的裤子款式。低调的元素和优雅的装饰增添了微妙的奢华感。让人期待的奢华天然面料被制成更漂亮的修身版型。零星的醒目图案和锥形款式增添了一丝大胆不羁。

Bonobos：是一个互联网品牌，创建于 2007 年，其使命是让每一位男士在昂贵的定制剪裁领域之外找到完美合身的服饰。如今，该网站提供了名为"Bonobos ninjas"的裁缝，为每一位顾客找到合身的衣服提供服务。Bonobos 于 2012 年扩展到实体店，创造了"Guideshop"的服务概念，为男士提供预约机会，在 Bonobos 商店接受长达一小时的个性化服务，以便找到最符合个性化需求的服饰。

卡其色是斜纹棉布休闲裤最流行的颜色；然而，让人难以理解的是，许多人将卡其裤看作一种独立的、不那么正式的裤子。斜纹棉布休闲裤有各种颜色，

考虑到它们的耐磨性，应该至少有三种颜色：卡其色、宝石 / 奶油色和橄榄色。藏青色和灰色不会让你的穿着出现失误，但鉴于你可能有藏青色和灰色的 odd 夹克，它们可能没太大用处。我也偏爱某些与 GTH 裤子接近的颜色，如柠檬绿、楠塔基特红和黄色，但不要有动物图案。虽然人们可以选择的颜色种类是惊人的，但应该注意的是，斜纹棉布的质地种类并不多，往往是单调且比较光滑（再次强调，是质地，不是颜色）。考虑到这一点，我觉得最好将某些质地与斜纹棉布休闲裤以及裤腰带搭配的夹克或者针织衫混搭。同样需要注意的是，穿斜纹棉布休闲裤时不能不扎裤腰带（不要用吊裤带，也不要不扎腰带）。因此，所有斜纹棉布休闲裤都会有皮带环。如前文所述，比较瘦的男性最适合穿无褶裥裤子，而腿粗且肚子较大的男性则适合穿带褶裥的裤子。

法兰绒长裤

法兰绒长裤是另一种全年可以穿着的标准裤装，但最适合秋冬季穿，应该穿浅灰色、深灰色、藏青色和驼色。法兰绒是紧密编织的羊毛，经过拉丝处理，营造出极其舒适的柔软感。[25] 刷制过程可以形成光滑的绒毛表面。它有些毛绒绒的，整个裤子的颜色并不完全一致，增加了很好的质感。

法兰绒通常被认为比精纺羊毛更柔软。因此，法兰绒不像正装精纺羊毛裤那样有坚挺的褶裥，精纺羊毛是大多数西服所用的面料。这一特性使法兰绒成为更正式的商务休闲装（例如，odd 夹克套装）的理想补充。[26]

法兰绒无疑是为寒冷气候制作裤子的最佳面料之一。它比较暖和，并且几十年来一直是人们冬天的最爱，因为它穿起来的舒适感和裤子的悬垂感都棒极了。但应该指出的是，如果法兰绒重量足够轻，也可以夏天穿。

25　法兰绒这个词被认为是威尔士语的衍生词，法国在 17 世纪晚期使用，德国在 18 世纪初出现。 在 19 世纪，法兰绒是在 Llanidloes、Montgomeryshire 和 Newtown 的威尔士城镇制作的。制作法兰绒的原料可以是棉、羊毛和其他纤维，此处单指以羊毛为原料的法兰绒。

26　当然法兰绒用于西服，灰色法兰绒套装是标配。

The Laws of Style: Sartorial Excellence for the Professional Gentleman

────────────────

职业人士应该拥有一条灰色法兰绒长裤。

　　各种服饰搭配齐全的职业人士应该拥有秋/冬和春/夏两款灰色法兰绒裤装。灰色可以和衬衣、鞋子甚至夹克等所有（除灰色以外的）服饰搭配。增加了质感的法兰绒也是百搭的。相信我，这些是商务休闲装的主打，应该相应地投资购置。

品牌须知

────────────────

Zanella: 自 20 世纪 50 年代以来，意大利品牌 Zanella 一直出品由技艺精湛的裁缝手工制作的男士裤装。凭借对细节的敏锐洞察，该品牌的时尚服装采用羊毛、棉质、鲨皮呢制成，以适应不同的体型。从常规尺码的裤子到褶皱和平坦正面，Zanella 裤子系列在经典设计中提供极佳的舒适感。价格是裁缝才能的价值体现。

Ambrosi-Napoli: Ambrosi-Napoli 是 "定制优雅" 的代名词。Salvatore Ambrosi 继承了祖父和父亲的事业，从 8 岁就开始制作裤子。他为包括 Attolini、Sartoria Formosa、Rubinacci 和 Sartoria Solito 在内的一些知名的剪裁公司生产裤装。从各方面来看，这个那不勒斯人将裤子制作提升为一种艺术形式。访问那不勒斯并不是必需的，因为 Salvatore 已与一些全球最大的男装店合作（例如香港和纽约的 The Armoury，多伦多的 Leatherfoot）。这款标志性 Ambrosi 裤采用轻质设计，配有加长扣带、厚裤腰、一个或两个褶裥和宽大的裤管。非常贵。[27]

Luciano Barbera: 卢西亚诺·巴伯拉（Luciano Barbera）于 1971 年推出同名品牌，已成为世界闻名的"经典原创意大利时尚"的引领者——为 Ralph Lauren 和 Armani 提供精美面料，以及一位极其讲究的男士手工羊绒和羊毛套装设计者。Luciano Barbera 的耐用轻质超细羊毛采用最先进的织机编织而成，然后存放在阿尔卑斯山洞中以保护其免受潮湿影响，他将其称为"纱线"（spa for yarn）。大师级裁缝团队为 Luciano Barbera 服装把最后一道关。Luciano Barbera 品牌的裤子做得十分精美。

鼹鼠皮裤子

鼹鼠皮是一种结实的棉质面料，传统上用于制作英国农民的外套和裤子。[28] 鼹鼠皮用斜纹编织而成，形成致密的布料（越密越好），赋予它重量和形状。像法兰绒一样，鼹鼠皮也经过刷洗形成短绒毛，赋予裤子标志性的质感。通常是秋冬制造。鼹鼠皮裤子最好搭配斜纹软呢或单独的彩色夹克、牛仔衬衣或针织物。颜色是棕色、秋天的绿色和烧焦了的橙色、黄色或红色，藏青色也可，尽管它不是面料传统的颜色。这款裤装看起来比较厚重，因此上衣应该有相似的厚重感。薄衬衣或亚麻 V 领毛衣搭配鼹鼠皮裤子看起来会不对劲。

灯芯绒裤

职业人士可以轻而易举地在衣橱里添一条灯芯绒质地的裤子，在想换个面料裤子穿时可以随时更换。正如我上面提到的，灯芯绒是一种棉制的山脊天鹅

27　此处原文为意大利语：Multo Costoso。

28　鼹鼠皮经常与英国传统男装和工作服／表演品牌如 Barbour 和 Hackett 联系在一起。

绒面料。[29] 威尔士（Wales）是沿着裤子垂直向下凸出的条纹。不同的灯芯绒是以每英寸含有条纹的数量来区分的。条纹越宽越休闲，因此职业人士应该选每英寸含有 11 条条纹或者更多条纹的裤装。相对于宽条纹灯芯绒裤，我更喜欢这些细条纹灯芯绒，因为我认为宽条纹灯芯绒裤会使正常身材的人看起来臃肿，身材苗条的人看起来骨瘦如柴。灯芯绒是一种结实而柔软的面料，在秋冬季节穿着最时尚，适合的季节颜色有棕色、鼠尾草绿色、焦橙色或黄色等，藏青色和紫红色也很不错，而且百搭。高质感条纹的存在使灯芯绒裤处于休闲装系列范畴，但它作为职业人士的商务休闲装也无疑非常合适。绝大多数灯芯绒裤都是无褶裥款，考虑到重量，灯芯绒裤裤脚没有卷边。灯芯绒裤与粗花呢外套或柔软、结实的针织衫搭配最佳，这种搭配有助于展现其天然罗纹纹理，且与该面料的秋冬特色相匹配。

品牌须知

Beams Plus: 1976 年，日本品牌 Beams 在东京原宿创立，最初是一家小商店，后来发展成为一支重要的零售力量。男士系列 Beams Plus 于 1999 年推出，是该公司耐用、传统和工作服系列的代表。Beams Plus 的灯芯绒裤非常适合职业人士。

Incotex: 意大利 Slowear 集团由四个不同的专业品牌组成，Incotex 是剪裁合身的裤装品牌，Zanone 是针织品品牌，Glanshirt 是衬衣品牌，Montedoro 是夹克品牌。在它们之间，Slowear 品牌系列以合理的价格，经典而现代的方式满足大多数人休闲装的需求。他们的面料由精细的棉、羊毛和亚麻制成，采用经过不断的实验所形成的现代技术进行处理、洗涤和染色。

---

29 有时羊毛被添加到棉花中，就是所谓的"wooly"cords，羊毛灯芯绒。不要买这种面料的裤子。

为什么这么多职业人士坚持穿着蓝色牛仔裤进入办公室？上面提到过的所有其他裤子面料都可以提供更多样化的选择，更舒适和（至少我们没有忘记）正式，为什么职业人士仍然选择工装裤？难道他下班后还要放牛、铺铁轨枕木、淘金吗？

就个人而言，我不会在职场穿牛仔裤。听着，我不是你遇到过的衣着最考究的职业人士。我只是发现自己在搭配 odd 夹克或针织衫方面有更好且更适合商业场合的选择。当然，我周末和孩子在一起时穿牛仔裤，晚上出去参加非商业活动、钓鱼或驯野马等场合我都会穿牛仔裤。鉴于我知道很多人都穿着牛仔裤到办公室，我强烈建议你不要这么做。事实上，不穿牛仔裤既能让你与众不同，又能让你更舒服。我没有将其归为着装法则，只是一个强烈的建议。

如果你不理会我的建议，那么这里介绍一下职业人士应该如何得体地穿着牛仔裤上班。选择洗涤次数最少且绝对不会让人感到不适的深色牛仔裤。这意味着很少甚至没有褪色，基本上就是藏青色；这也意味着没有被撕破，膝盖或口袋周围没有白色斑块。如果可能的话，还要避免高对比度的外部缝合和铆钉款，这些都像霓虹灯的广告一样，告诉别人你在穿牛仔裤。在大多数情况下，对职业人士来说比较安全的着装方法意味着把牛仔裤当成斜纹棉布休闲裤的直接替代品。完全合身至关重要：既不太紧身（过于时髦又不舒服），也不太宽松（看起来很糟糕）。你的牛仔裤刚好下垂到鞋面上不需要显眼的翻边（里面浅色牛仔布会漏出来）。从棕色到棕褐色系的鞋子搭配腰带效果最佳。黑色鞋子永远和蓝色牛仔裤不搭——对任何人都不合适。

法则 32

职业人士不得穿黑色鞋子搭配蓝色牛仔裤。

牛仔裤搭配领尖有纽扣的衬衣和 odd 夹克，会带来最好的效果。对我来说，搭配一条针织领带永远没有坏处，可保持非正式着装的基调，同时也看起来非常有能力和优雅（即非常专业的人士）。Rag & Bone、Richard James、3x1、A.P.C. 和 Paige 等品牌使牛仔裤更像正常的裤装，可以恰到好处地搭配礼服衬衣和西服外套。

---

polo 衫和运动装

"男士们的时尚都是从运动服开始的，并发展成为参与国家大事重要场合的着装。最开始是在狩猎时穿的燕尾服，刚结束这样的旅程，运动服恰好开启了这段旅程。"

—— *安格斯·麦吉尔（Angus McGill）* [30]

polo 衫通常是短袖皮克棉（一种珠地面料）针织版型，左胸上部通常有马球运动员、短吻鳄或其他动物标志。

品牌须知

Lacoste: 勒内·拉科斯特（Rene Lacoste）身着自己设计的现代 polo 衫赢得了 1926 年的美国网球公开赛，他把长袖网球衫的袖子和纽扣剪掉，加上了"网球尾"，使网球衫的后部比前部稍长，可以使衣服更舒适服帖，特别是在扣球的时候衣服不会跑位露出身体。该品牌提供不同质地和面料的多种颜色的 polo 衫。

30　该谐、亲切的麦吉尔作为 1968 年年度最佳描述性作家赢得了英国新闻奖；他于 1981 年成为 SDP 的创始成员；1990 年获得 MBE 勋章（员佐勋章）。

Fred Perry: 这个历史悠久的品牌由多次拿下温布尔登（Wimbledon）冠军的网球传奇选手弗雷德·佩里（Fred Perry）于 20 世纪 40 年代创立于英国，他决定推出一个运动装系列。1952 年，他推出了棉质、耐穿、有棱纹、修身的 polo 衫，胸前绣有月桂花环。运动和精致定义了 Fred Perry 品牌的内涵。如果你能打球时不穿吸湿排汗面料的衣服（很不幸，我不能），那么它是最好的传统网球服装品牌之一。这种缺乏功能性面料的 polo 衫更适合在办公室穿着。

Sunspel: 这个英国男士运动装标杆品牌成立于 1860 年。它由希尔（Hill）家族拥有，直到 2005 年才出售给 Nicholas Brooke 和 Dominic Hazlehurst。20 世纪 50 年代品牌开始制作 polo 衫以来，它们一直致力于将精准合身的款式与最好的棉质面料相结合，营造出现代感和奢华感。

polo 衫是运动装，尽管它源于网球运动，但它的名字本身就带有马球运动的含义。[31] polo 衫不仅打网球和玩马球时可以穿，打高尔夫球、玩帆船和其他体育运动时都可以穿。它也会作为制服的一部分经常被一些工人穿着（从 Best Buy 到 Barnes Noble 和 Starbucks）。且鉴于此，你可能会惊讶地发现，很多职业人士自发地在办公室穿它。我希望你不要经常这么穿。

法则 33

不要经常在办公室穿 polo 衫，如果穿请遵循一些特殊的适用于商业场合的指南。

---

31 标志性的 Lacoste 标志源于勒内·拉科斯特的绰号"鳄鱼"，这个绰号来自他那令人震惊的长鼻子。

• 避免穿有 logo 的 polo 衫。我意识到，对于一些消费者而言，标志性的 Ralph Lauren 马球运动员的挥杆动作，Lacoste 小鳄鱼或 Fred Perry32 的桂冠花圈是身份的象征。职业人士请避开 logo（除非是知识产权律师）。33 把带 logo 的 polo 衫留到球场上和比赛时穿。 Loro Piana、Sunspel、Paul Smith、新进品牌 Feldspar Brook34，甚至 J. Crew 都推出了非常好的无徽标款式的 polo 衫。

• 任何场合都不要将 polo 衫与（衬衣内穿的）内衣 T 恤一起穿。

• 穿 polo 衫（或者除了礼服衬衣外的其他任何衬衣）不可以打领带。

• 不要在室内"竖起"你的领子（如果在外面这么做的话，请真的好好考虑一下）。

• 在办公室穿 Polo 衫时，（就像把任何衬衣都掖进裤子里一样）把它掖进裤子里。

• 避免穿 polo 衫搭配正装夹克。（显然）袖口不会露出来。领子也不会坚挺地立在那儿，除非它"凸出来"，这种情况不应该在办公室出现。礼服衬衣看起来好得多，且它是专门为正装夹克设计的。

• 切勿在非运动（或类似运动的）场合中（即不要在办公室）穿着高性能面料的 polo 衫。

• 仅在春末和夏季穿 polo 衫。polo 衫是短袖的，由纯棉制成；即便品牌推出秋冬季颜色的 polo 衫，也不适合在春末和夏季以外的季节穿。35

• 不要害怕稍微有些亮的颜色。当然，每个男人都应该（并且大多数人都应该）拥有白色和藏青色版的 polo 衫。但是我不建议你经常穿 polo 衫到办公室，而且如果你只在春

32　另一个网球大师，英国佩里（Perry）是第一个赢得"职业大满贯"的球员，他在 26 岁时赢得了四个单打冠军，并在他的职业生涯中赢得了六个以上的大满贯赛冠军。

33　作为职业人士穿带标识的服饰不合适的参考，我为我的告别单身聚会"设计"了马球衫的标识（刺绣一只上面有光晕的手），我在朋友们打第一轮高尔夫球时分发给大家。

34　信息披露：在 Feldspar Brook 成立初期，HBA 代理其法律事务。

35　永远不应该购买秋冬颜色的 polo 衫，因为买它们完全是在浪费金钱和衣橱空间。

末和夏天这样做，你应该考虑多种颜色，比如绿色、黄色、粉彩色。正如勒内本人可能会说的那样，"疯狂吧！"[36]

高性能运动服／套装（*Performance Sportswear / Switing*）

职业人士可以在办公室穿着高性能运动服吗？简单的答案是否定的，真的不行。高性能服装面料具有弹力好、吸湿排汗和防水等特性，这使其逐渐成为制作更加个性化的服装的面料，对此我当然不反对。但真正的运动装是运动时穿的。而运动装的科技面料、口袋、运动竞技条纹和装饰物都不适合办公室场合，至少不适合在你的办公室穿着，它不符合职场着装法则。

法 则 34

职业人士不得在办公室穿运动服／健身服。

很多早期被认为适合在办公室穿的功能性面料运动服款式具有某些特质。这是从品牌角度诠释，但是从风格角度讲，它们不适合职业人士。然而，QOR、Isaora、RYU、Lulu Lemon、Patagonia 等品牌正在进军这个潜在市场。

更好的选择是传统品牌巧妙地将这些面料的先进性融入更保守的服装剪裁。根据男装零售商最近达成的共识，20% ～ 65％的混合服装面料加入了某种类型的功能性面料。[37] 相关品牌有 Ermenegildo Zegna（Trofeo 面料）、Loro Piana（创新的 Storm System 面料）、Paul Smith（Travel Tailor-Fit 系列）、Thom Browne（与美国毛纺公司共同开发的"Cool Wool"[38]）、Theory（Wellar HC 套装）[39] 和 Perry

---

36　此处原文为法语：devenir fou！

37　卡伦·阿尔伯格·格罗斯曼（Karen Alberg Grossman），《高性能：定制服装剪裁技巧》，*MR*，2016 年 4 月 20 日。

38　Cool Wool 涉及两种拉伸方式的高捻纱线，以及添加弹性纱线的机械拉伸，可在各个方向上实现更完整的拉伸。

39　其织物中含有 3%的莱卡，且衣服后部开叉。

Ellis（Comfort Stretch Portfolio 套装）等，它们将功能性面料的拉伸性和防水性整合到西服中，然而它们并没有四处宣扬此事。其他的新品牌，如 Ministry of Supply（在整个生产线上都使用功能性面料）和 Mizen & Main，当然会大胆地进行功能性宣传，但至少要注意传统的男装风格，并且不要附加太多其他的运动装饰。

品牌须知

Thom Browne: 创立于 2001 年的美国品牌，于 2003 年推出成衣系列。Thom Browne 因其标志性的缩水西服款式而闻名。这种对服装剪裁的独特看法可以说是最近男装时尚的分水岭，引领了该品牌第二个十年的修身套装趋势（尽管在我看来，这已经不是那么流行的趋势了）。Thom Browne 以戏剧化的时装秀而闻名，他专业地将创新性视角提炼为基于传统模式的外观，但需要"志同道合"的人欣赏。

Theory: 这个美国品牌为男士和女士提供价格实惠的现代套装。简洁的线条和极简主义的美学在整个系列中无处不在。虽然它家的西服一般都是粘合衬的，但这些套装对于年轻的职业人士来说既经济又实惠，并且代表了高质量的剪裁和锥形裤设计。

Perry Ellis: 它是值得"注意"的另一个美国中产阶级品牌。Perry Ellis 成立于 20 世纪 70 年代。它的西服是粘合衬的，通常使用质量不是很好的面料。职业人士要避免穿该品牌。

Ministry of Supply: 这家总部位于波士顿的功能性面料男装品牌于 2012 年由麻省理工学院毕业的学生通过 Kickstaster 推出，它们使用与 NASA 宇航员

相同的温度调节材料制作而成。这些西服是由弹力涤纶制成，不能作为正式
的商务着装，但作为活跃的职业人士商务休闲装的替代品，它们是不错的选择，
而且价格便宜。

Mizen & Main: 另一家美国公司，位于达拉斯，专门生产使用合成纤维面料的
功能性男装衬衣和西服外套。他们不提供套装。对于活跃的职业人士，Mizen
& Main 提供了一种经济实惠且舒适的商务休闲装选择。

乔什·佩斯科维茨（Josh Peskowitz）是洛杉矶男装店 Magasin 的创始人，
他是我的好友，他在 *Vogue* 杂志的一篇文章中说："男人在下班和上班时需要穿
的衣服之间存在差异的想法已经结束了。"佩斯科维茨澄清说："我们总是待命
状态，我们总是随叫随到。"[40] 织物技术的加入应该让那些穿定制服装的男士更
能够保持活力状态。对于那些少见但重要的场合，比如当你在街上遇到你的客
户或你的老板时，这是一件好事，你的穿着仍然符合职业人士的气质。

牢记那句罗马法格言："不知法律不免责。"

"你的真爱来了。"
——*The Pixies* 摇滚乐队 [41]

The Laws of Style: Sartorial Excellence for the Professional Gentleman

---

40 亚历克西斯·布伦瑞克（Alexis Brunswick），《男装街头时尚明星开设洛杉矶最酷的新店》，
Vogue，2016 年 3 月 17 日。
41 《你的真爱来了》，出自专辑 *Doolittle*（Elektra Records 出品，1989）。

11

图案和质地：混合和搭配

"对男人来说绝对必要的是，为了显得漫不经心，
必须有一件服饰是不搭的。"

—— 哈迪·埃米斯爵士 [1]

图案和质地当中隐藏着极高的搭配风险。任何一位学过金融的学生都知道，通常（或应该在有效的市场中）风险愈高，回报愈高。但是图案和质地可以说是男装的一个雷区。这么多的选择，这么多的种类，如此多的方式来把一切搞定。混合和搭配的艺术是穿衣打扮的基本技能，可以帮助你让衣橱变得不那么单调。像 Paul Smith、Etro 和 Ring Jacket 这样的品牌通过在设计中大胆地使用图案和质地来突出自己。事实上，微妙和不那么微妙的图案和质地融合可以是最高艺术形式和一个可以被接受的微妙个性。就像 The Big Lewobski [2] 中那种被错误对

----

1 英国时装设计师，因在 1952 年至 1989 年期间为女王伊丽莎白二世御用裁缝而闻名于世。埃米斯也创立了自己的时装品牌 Hardy Amies。
2 那个被"诅咒"的人。

待的地毯一样，正确的图案和质地组合可以真正地体现一个人着装的整体感。

法 则 3 5

职业人士不需要混合搭配图案和质地，
但如果做得恰当，
他应该能在一定程度上引领时尚潮流。

对于职业人士来说，严肃和保守是质地和图案混搭艺术最好的实现方式。这么做是对着装应注意细节的认可，换句话说，它让整套服装变得无可挑剔。传奇人物、着装考究的美国加州大学洛杉矶分校篮球教练约翰·伍德（John Wooden）说得好："细节至关重要。小细节引发大变革。"对诸如图案和质地的小细节的理解，有利于职业人士对穿衣打扮的整体掌控。"一切都恰到好处。"[3]它说明你不仅是一个尽职尽责、衣着讲究的人，而且是一个客户和雇主可以信任和尊重的人。

图案和质地意味着什么？

这些"图案的设计"是有"细微差别的"，如同博弈论或证券交易委员会（SEC）审查员模糊的会计评论，这些概念很容易被那些精心打扮的人忽略。

图案有些不言自明的意味。任何人都知道，图案就是在一件衣服上一直重复展现条纹、波尔卡圆点、佩斯利图案、小动物等。图案随处可见，你至少有一件典型的带有一个图案的职业装，通常是你的领带或口袋巾，或者衬衣。图案也可以出现在西服上，或 odd 夹克和裤子上：细条纹、窗玻璃线、千鸟格的

3　Radiohead 乐队，《一切都恰到好处》（*Every thing in its kigho place*），出自专辑 *Kid A*（Capitol 出品，2000）。

微妙 V 字形；斜纹软呢格子。如我们在前面的章节中讨论过的衬衣、针织品、领带和口袋巾那样，我们已经详细讨论过图案。

质地这一元素经常被粗心大意或缺乏想象力的着装者遗忘。这也是它为优雅地自我表达和个性展示提供令人兴奋元素的原因。也许在服装中描绘质地概念的最佳方式是将其与四季同时考虑，以及我们（至少在温度较低的地区）如何利用穿着来适应气候变化。秋冬季穿着的服装通常由羊毛和厚重棉花、斜纹软呢、法兰绒和其他毛绒绒的面料制成。夏季和春季通常穿重量较轻的褶皱棉布、亚麻布和丝绸服装。每个季节都有与之相适应质地的服装面料，可以说，基于这些选择我们打破了各种条条框框，让职业人士的衣橱充满多样的选择。

精纺羊毛蓝色西服搭配经典真丝复古领带没有任何问题。只要套装"搭配恰当"，这就是一个随处可见的经典搭配。尽管领带会有图案，这是一个包含较少质地对比的着装模式，这很好。没问题。[4] 如果你沉迷其中。如果你希望稍稍酷一点。同样可以穿纯色衬衣和无图案领带搭配灰色法兰绒西服，当然有时这种极简主义风格会给人一种素净高效的感觉。然而想更有趣的搭配，毛绒法兰绒西服、蓝色条纹衬衣、深蓝石榴糖浆色领带，也许丝绸佩斯利图案口袋巾更有趣，不是吗？来吧，伙计们。如果你知道自己是奋斗者，那就努力吧！

成功添加图案和质地元素时，如何保持平衡是重要的。也就是说，将它们

4 　此处原文为：Pas de problème。

风格法则：写给职场男士的终极着装指南 ——11 图案和质地：混合和搭配

以一种有凝聚力并且互补的方式组合起来。这需要风格的考量，这种考量虽说不难，但是也没有快速通达的公式或路径。问题的关键是，没有任何一个元素可以控制你的着装呈现形式，因为它会过度吸引你的注意力，让你忽视你和整套着装的其他部分。

法则 36

职业人士不应该只穿一件带有一种垄断整体着装风格图案或质地的服饰。

将此法则视为反垄断规则——男装谢尔曼法案。[5] 因此，海军精纺羊毛西服、白色衬衣、白色口袋巾以及红色、橙色、紫色和绿色佩斯利图案领带，将让你遇到的每个人都先注意你耀眼的领带。这件外套需要另一种图案来弱化一下耀眼的领带。选择斜纹软呢、格子套装（而不是纯色藏青色）来熄灭这熊熊燃烧的男装烈焰。这与领带的颜色相配，且搭配协调。

保持比例最重要，且允许每一件衣服都能赏心悦目。大比例图案应与较小比例的图案搭配。有点与直觉相反，这可以防止视觉冲突和过度视觉刺激。避免将两款或更多相同尺寸（大或小）的图案放在一起，因为眼睛会把类似大小的图案看成一样的。每一件服饰看起来都应该是有型的，如果能用图案而不是纯色巧妙地做到这一点，可以使边缘更加柔和。

虽然这似乎比较困难，但靠自己的眼光判断往往很准，如果看起来很扎眼，那就是不好看。从某个角度来看：你有没有看过一个有各种类似大小的条纹和曲折的物体让空间旋转？就像让你沮丧的股票代码或税务代码、法庭简报中的

---

5 谢尔曼反托拉斯法（The Sherman Antitrust Act）于 1890 年通过，禁止某些垄断商业活动。该法案还被用来反对通过并购可能会损害竞争的实体组合。

脚注？如果看起来不平衡，这种令人眩晕的旋转感在服装上的体现更明显。

你所穿衣服的图案和质地越复杂，就越容易失去平衡感。这里有一个简单的法则：

法则 37

职业人士不要尝试穿一身三种以上图案和质地的服装。

虽然世界最大的男装盛会 Pitti Uomo 上会有各种型男大胆地尝试新奇的搭配，但你不能冒这样的险，而且你也不是男装贸易展上的花花公子。最多只穿两种图案或质地的服装是最安全的，但我想提醒你注意的是，服装上的图案需要与带有其他图案的佩饰相协调，以适应之前所述的第 36 条反垄断法则。如果你这么选择的话，格子图案的格纹西服、圆点纹领带，要与纯色衬衣和纯色口袋巾搭配，以保证整体着装低调不夸张。如果选条纹对比领衬衣、foulard 领带，最好所穿的西服是纯色的。如果你想要更多的图案，那就在兜口口袋巾和袜子上下功夫。有感觉了吗？

关于平衡质地，这通常更容易。通常情况下，你选择服饰的季节性将决定其自身的质地平衡。但是，如果你不确定，请注意一个简单的法则，也会让你感到舒服。

法则 38

职业人士在同一套服装中不得同时
选用适合秋冬季和适合春夏季的面料。

我的一位同事与在迪拜开展业务的几家公司合作。正如大多数人所知，从

服装季节性的角度来看，迪拜有两个季节：夏季和在水星上的夏季。一月到迪拜出差时，他穿着自己钟爱的 Cad & The Dandy 13 盎司厚重的斜纹软呢套装离开了办公室。西服非常抢眼，对于纽约的冬天来说还算合适，但是对于迪拜，哪怕是非常凉爽的夏季来说，也非常不合适。由于打包的时候没有先见之明，只多带了一套西服，其他衣服都是按照迪拜会很热的假设而准备的，所以他带来了两双来自 JM Weston 的棕色皮便鞋（绒面皮和荔枝纹皮），轻便的衬衣和一些泡泡纱领带，另外只带了一件不错的轻质藏青色精纺西服。但粗花呢套装与他带的其他夏季单品根本不搭。于是，他做了一件任何聪明的职业人士在这种情况下都会做的事情，即迅速前往迪拜购物中心 [6]，直奔 Alfred Dunhill（尽管他不吸烟，但他还是选择了它家的定制成衣），从衣架上拿起一件简单的浅灰色精纺上衣，当场直接搭配裤子换上。然而，考虑到汇率，他为此付了在纽约购买所需两倍多的价钱。

品牌须知

Cad & The Dandy：这是一家位于伦敦的独立缝纫公司，提供西服定制服务。衣服采用英国和意大利面料制成，价格比传统 Savile Row 精品屋服饰价格更低廉。该公司由詹姆斯·斯利特（James Sleater）和伊恩·迈尔斯（Ian Meiers）于 2008 年创立，他们是两位职业人士，在 2008 年的金融危机中都被银行裁员。Cad & The Dandy 的收益颇丰，其全毛衬制作的定制西服价格低于 1000 英镑。

JM Weston：这个法国鞋品牌由爱德华·布兰查德（Édouard Blanchard）于 1891 年在利摩日成立。它提供全系列的礼服鞋以及从皮带和公文包到行李

The Laws of Style: Sartorial Excellence for the Professional Gentleman

6　迪拜购物中心是迪拜的购物中心，也是世界上面积最大的购物中心。

箱物品的皮革制品。该公司最著名的型号是 180 Moccasin 莫卡辛软皮鞋（一款经典的便士乐福鞋）。

Alfred Dunhill：英国品牌，专注于成衣、定制和预定男装、皮具和配饰。该公司目前归瑞士奢侈品公司历峰集团（Richemont）所有。阿尔弗雷德·登喜路(Alfred Dunhill)其人是英国烟草商和发明家。根据我和同事的交谈得知，该品牌以保守的定制服装而闻名，服装品质参差不齐。该品牌的西服是在意大利制造的，而非在英国制造。

因此，请将厚重的羊毛、灯芯绒和其他厚重的面料放在一起。同样，将亚麻和轻质纯棉面料放在一起。这样的规则也适用于某些色调搭配。例如，将烧焦的橙色和棕色条纹羊毛领带与浅蓝色泡泡纱西服搭配，就像把金丝雀黄色亚麻领带和厚重的棕色粗花呢搭配在一起一样，非常不搭。

重金属和皮革

职业人士不从头到脚穿皮革，也不戴金属饰品。我们不是"马路口的骑警"，也不是骑士，虽然有时我们可能觉得两者兼有。但是在我们的服装搭配中，有皮革或金属饰品的空间，两者应该是协调搭配的。

法则 39

职业人士应当使皮革和金属饰品相搭配，并注意其颜色／光泽的搭配。

让我通过例子来解释一下。

请想象一位职业人士的形象：脚蹬一双 Crocket & Jones 双僧带式礼服鞋，腰上扎着一条 Coach 皮带，手提 Salvatore Farragamo 皮革公文包，手腕上戴着皮表带的 Montbrillant 腕表。

品牌须知

Crockett & Jones：该品牌由查尔斯·琼斯（Charles Jones）和詹姆斯·克罗克特（James Crockett）爵士于 1879 年在英国北安普顿（Northampton）创立。该地（至少以制鞋）闻名于世。Crocket & Jones 品牌专注于世界顶级鞋履的独特制作工艺固特异工艺生产鞋制品。产品有三个系列（Hand Grade 系列、Main 系列和 Shell Cordovan 系列）。这些是高质量、最可靠和强度最高的鞋子，非常适合职业人士。

Coach：该品牌成立于纽约，是一家跨国配件巨头。最初以各种皮革制品的供应商闻名于世，现已经扩展到外衣、成衣、围巾、太阳镜和手表大牌。职业男士应该坚持使用 Coach 的皮革必备品，包括坚固、时尚、高品质的腰带、钱包和箱包。

Salvatore Ferragamo：一家意大利奢侈品公司，从生产鞋子起家，然后扩展到皮革制品，现在业务范围涵盖男女成衣，（根据许可协议）也包括眼镜和手表。尽管规模如此之大，它仍是一个家族企业。我和詹姆斯·菲拉格慕（James Ferragamo）一起读的商学院，他是男女鞋及皮具部门的主管。

现在，如果职业人士的腰带是暗红色，鞋子是浅棕色，公文包是黑色，表带是灰色绒面皮——他会看起来道德败坏。所有上述皮革物品的颜色应该匹配

或者由一件（或多件）物品与其中的两个色度（"桥"）桥接，特意形成互补对比。所以，如果皮带和鞋子都是黑色的，而带有黑色皮革把手的公文包是你与暗红色的"桥"，那么你暗红色的牛皮表带是完全可以接受的。

确实，它非常棒。虽然看上去不那么有趣或有启发性，但是如果上下一身都是黑色皮具也是可以接受的。虽说有点像肮脏的不良债务交易，服饰中的各种皮具更换会有高风险，但相应回报也高。

这也同样适用于金属硬件，请尝试让它们与服装相搭配或者作为一个桥梁连接起来。所以，想象一下上面提到的职业人士。理想情况下，他的皮带扣、僧侣鞋面上的双金属扣襻带扣、手表外壳、公文包上的金属件、领带夹上面的金属，都将采用相同的金属材质感，颜色也都靠近铁黑、银、金属灰、黄铜或金色。也许还有其他金属表面或配件，如戒指、金属手链或一副眼镜上的金属细节。同样，理想情况下，这些细节也应与职业人士的整体服饰匹配。如果有各种各样的颜色，比如银色和金色，希望两者之间有一些桥梁。至于金属中的桥梁物品，通常是运动手表或手镯提供最大的金属表面区域，特别是考虑到职业人士不再使用盾牌和剑，并且不佩戴牛仔佩戴的金属搭扣。所以，明智的做法是买一块腕表、手镯或其他饰品，其中包含两种你最喜欢的金属材质——最实用的显然是金和银——有一个合适的搭桥性的物件，你可以用它将其他不同的金属物品搭配到一起。

牢记那句罗马法格言："不知法律不免责。"

12

功能性配饰

> "一个拿着公文包的律师可以
> 比一百多个持枪的匪徒偷走更多的东西。"
> ——马里奥·普佐（Mario Puzo）[1]

　　我们是职业人士，我们四海为家，办公地点遍及各种场所——办公室、酒店、机场候机大厅、飞机、火车、公交车，甚至家里。我们随身携带机密文件和储存专有信息的电脑，并把它们带到任何所需的地点。我们随身不离手机，因为手机中存有重要的联络信息，手机可以访问如同我们生命线的电子邮件，并让我们看上去像期望中的那样英俊潇洒。可以说我们对配饰的需求从来没有如此之大，但不幸的是，这种追求风尚的机会早与我们失之交臂了。设计师汤姆·福特（Tom Ford）经常说起自己小时候曾经拎着公文包上学，虽说少年时代的他还不是职业人士，但是毫无疑问的是，他是迄今依然健在的最时尚的达人之一。

1　小说《教父》(G.P.Putnam's Sons 出版，1969) 的作者，此书曾被拍成了《教父》电影三部曲，导演是弗朗西斯·福特·科波拉（Frances Ford Coppola）。

你还需要更多的鼓励吗？

有关公文包的一个简短案例

律师通常用公文包装法律公文并提交法庭，公文包因此得名。公文包不仅具有承载公司机密的功能，还有传递关于你的职业信息的功能。那么，也让你的公文包充分体现你的职业特长和社会地位。请把你的公文包看作是你作为职业人士的"从业标配"吧。举个例子，Tiffany 卖那些普通的银制小饰品全靠它标志性的蓝色礼盒。换句话说，无论是什么商品，其产品包装都会提升其价值并且使它变得更为特别。

> **法则 40**
>
> 职业人士必须携带公文包。

我常常想起一桩涉及两家上市公司合并的交易案例。当时非常气派的会议室里挤满了出类拔萃的投行家、律师和他们的客户。码放整齐的合并文件摆放在一张长长的胡桃木做的会议桌上，每个位置都摆放了交易完成的文件。不过人们还是觉得缺了点什么，尽管房间里充满了欢乐，大家都对即将完成的合并充满了善意和期待。[2]而恰恰在此时刻，负责完成合并关键环节的律师将自己破旧的 Eddie Bauer 帆布包放到了桌子上，并把签名页一张接一张地拿了出来，那个邋遢的"公文包"可谓丢人

----

2 可悲的是，采用双方面对面完成交易的方式越来越不常见了。交易完成文档的传送和保存的速度和效率使得今天的许多商业活动都可以在网络空间交割，即通过电子邮件或 Dropbox 交换文档来完成。

现眼、大煞风景。老实说，这太令人失望了，原本对这两家公司而言应该是件可喜可贺的美事，就这样不幸地被律师那个糟糕的公文包给糟蹋了。

　　购买公文包是需要花大价钱的，你的职业成长生涯离不开它。如果品质优良，它会随着年头的增长而更具质感。事实上，一个品质卓越的公文包，就如同一位优雅的职业人士，它应该永远是老骥伏枥、孤独求胜。虽说最好的也是最贵的，但也是物有所值、实至名归。你衣橱里的公文包这样的配饰能衬托你对职业的执着、对事业成功与长久的不懈奉献。

品牌须知

————

T. Anthony：早在 1946 年西奥多·安东尼（Theodore Anthony）推出这个品牌时，T.Anthony 就以制作旅行箱包而闻名了，但同时也制造耐用、具有时尚品质的职场配饰。大多数产品带有防盗锁，材质为精致的鳄鱼皮，属于高端箱包。作为曼哈顿上东区职业男士的同义词，它历史悠久的旗舰店仍然矗立在公园大道与 56 街口。

J.W.Hulme：约翰·威利斯·霍尔姆（John Willis Hulme）于 1905 年创立。霍尔姆公司（J.W.Hulme Co.）将自己定义为一家制造商。霍尔姆的第一桶金可以追溯到第一次世界大战与第二次世界大战时期，当时主要为美军制作军用帐篷。J.W.Hulme 的箱包在美国本土制造，经久耐用，可保证陪伴你使用一生，J.W.Hulme 手袋和皮具都是用美国最好的皮革和精湛的手工制作而成。J.W.Hulme 视真正的奢侈品为可传承的艺术品，经得起时尚的考验，不受潮流的影响。J.W.Hulme 使用奢华工艺制作的精品箱包，可谓传家之宝，流芳百世。该公司致力于保持这一工艺，并采用学徒制度，以便该行业的知识和技能不断传递给下一代工匠。

Jack Georges：第三代皮革工匠杰克·乔治（Jack Georges）于 1987 年开创自己的同名品牌，该品牌生产许多价位适中的男性职场使用的配件。由于生产工厂车间位于新泽西州，其许多产品都是在美国本土制成的。Jack Georges 旗下产品的颜色以凝重保守为特点，是经典风格的代表。

Serapian：Serapian（它旗下的女性配饰产品多于男性产品）推出了一款更为时尚的前卫公文包，其价格昂贵，既有传统颜色，也有非传统颜色（比如蓝色、浅灰色）。这些公文包以优雅的外形和休闲的构造而闻名，对于年轻、资历浅的职业男士来说，这些东西太奢华了（更别提多贵了），它们更适合资历深的（较为自信的）职场人士。

我从上班开始就买了三个公文包，个个容量大，而且外观优雅大方。一个是棕色、带黄铜扣的 T. Anthony；一个是黑色、带银色锁钩的 Barney，该款式的公文包于 20 世纪 90 年代推出（他们现在似乎还在推陈出新）；一个非常正式、类似 007 邦德的那种，ZERO Halliburton 牌子的金属箱。这几个公文包的共通之处如下：

1. 都带防盗锁。（作为一名职业人士，你携带的是保密信息、专有财务报告和律师—客户的私人通信；很明显防盗锁是必不可少的。）

2. 防盗锁一律由隐秘的字母组合密码锁定。（该密码锁的功能会在以下情形下有充分体现，即在你的公文包失窃，或者更为常见的是，在例行的衣物检查中如何鉴别那些无人认领的公文包。）这样的密码组合不仅看上去高大"尚"，同时也表明你对此配饰以及包中文件的重视程度。

3. 均不带那种可以让我把公文包斜挎双肩的背带。（坦白地说，如果能斜挎就不再是公文包而是行李箱了，而且，假如他们脑子没有进水，谁会这样身着西服套装或 odd 夹克却肩上斜挎一只公文包呢？）

4. 内层隔层都能装下一台笔记本电脑，百余来页的文件，一份《华尔街日报》，外加若干签字笔等。这样的内层空间已经足够了，公文包不需要更多的空间，否则公文包就成了行李箱，因此，除非要去外地出差，否则根本不需要上班带着行李。

大多数真皮公文包都有可伸缩的折叠底座，如同法律专用的多层纸质文件夹，需要时可以撑大。我现在还有另外几个公文包，但老实说，一个棕色与一个黑色的公文包完全够了。

如果你参与了一些高度机密的艺术品交易或法律诉讼工作，金属行李箱则是个可行（而不是可笑）的选择。只是必须注意，即使衣柜里多出一个让你觉得洋气十足的金属公文包，那也不过是权宜之计，还需与各种款式风格的服装彼此协调。例如，你身穿瘦身款的 Gieves & Hawkes 西服，脚蹬一双黑色系、银制扣襻的 To Boot 皮鞋（甚至是一双带侧拉链的切尔西靴子。——我开始加码了），手上戴着潜水表（试想那可能是一块锋芒毕露的金属 Panerai），还有一个高端的 ZERO Halliburton 铝制公文包，去参加一个秘密的商业谈判，毫无疑问，这种尝试一定是很大胆的。你也可能找到与之相匹配的行李箱，这是一种很酷的感觉，但切记不要用力过猛，否则你可能会误入歧途，让自己打扮得像个"机器人"怪咖律师。

品牌须知

ZERO Halliburton：哈里伯顿的故事从创建第一个铝制旅行箱开始。哈里伯顿原本是足迹遍布全球的油田工程师，旅途中他经常对自己的行李箱感到失望，因为这些行李箱在极度污垢、酷热以及尘土飞扬的恶劣环境下，从未能保护他的衣物和文件。利用他手下工作人员的工程知识，哈里伯顿指导开发了世界上第一个铝制公文包。其现代设计感极强，质量上乘，对包内物品的保护程度达到了军事装备的标准，成为公司产品的核心竞争力。78 年前，安全性、耐用性和可靠性一直是重中之重，至今仍是如此。但是随着旅行方式的改变，ZERO Halliburton 也发生了变化。从一系列轻型旅行箱到先进的滑轮系统，哈里伯顿品牌满足了今天旅行者的不时之需。此外，ZERO Halliburton 还向美国宇航局提供了一款略加改进型的铝制公文箱，用于 1969 年阿波罗 11 号的登月计划。此新款铝制公文箱将月球上搜集到的岩石标本安全运回了地球。

To Boot: 品牌设计师是亚当·德里克（Adam Derrick），他设计的鞋子风格休闲，但是设计理念令人兴奋：很现代、多才多艺、穿着很耐看。此外，他还设计商务和时尚的正装鞋，非常优雅大方的那种。To Boot 的设计理念是好鞋用好料，因此只使用最好的意大利和法国小牛皮，牛皮是手工挑选、手工切割的，以保证做出最优质的产品。实际上，从切割到缝纫再到抛光，每双 To Boot 的鞋子在成品之前都要经过 200 多道熟练工匠的手工流程。亚当在设计他的作品系列时会充分考虑客户多样化的生活方式，因此男装系列的设计往往是以经典为目标的，亚当觉得他的工作是重新思考、更新和重新设计经典，以便它们能适合任何现代职业人士的穿戴。

Panerai：1860 年，乔瓦尼·沛纳海（Giovanni Panerai）的第一家制表店开张，它不仅是一家商店和作坊，而且还是佛罗伦萨的第一家制表学校。沛纳海研制出 Radiomir 和 Luminor 两种夜光物质，并应用于意大利皇家海军的仪表刻度盘、瞄准器等装置上。在第二次世界大战期间，Panerai 手表在协助蛙人特种部队（Decima Flottiglia MAS）的行动作战方面发挥了巨大的作用。到 1970 年，该公司已不再为军方生产手表，而是把精力集中在民用市场上。Panerai 的许多手表都是限量版或特制版，其为保持"物以稀为贵"的精品形象，采取饥饿营销策略，有意降低产量，维持较高价格。为此，零售商每年可能只接收几张限量版的 Panerai 的订单，等待购买流行款式消费者的名单也与日增"长"。

钱包：钱呢？

职业人士必须意识到他会不时地在客户面前掏出钱包，例如，在餐厅付账时，也会在同事面前掏出钱包，例如，拿出你的工作证进入办公大楼，支付昨晚输掉的赌资，给泊车服务员小费。因此，职业人士的钱包至少应该是体面的。根据第 40 条法则，职业人士应携带公文包，钱包不应装得太满。总之，别在钱包里塞太多的东西。

> **法则 41**
> _____
> *职业人士的钱包不应装得太满。*

收据、别人的名片、便条、随手记下的电话号码，或者写在碎纸片上的其他零碎信息都应该有个去处——最有可能的去处就是你的智能手机里或者公文包里。你的钱包只能携带一点现金、信用卡和银行卡（没有理由超过三张³）、医疗保险卡⁴、大楼的门禁卡以及身份证或驾照等。

一个薄薄的钱包不会对西服的整体外形产生负面影响。即使是装在身后的裤兜里，坐在上边也不会有碍。尽管如此，如果穿西服夹克，那么钱包就应该总是放在内侧口袋里。从裤子的"屁兜"里掏钱包会让你看起来像个乳臭未干的半大小子。从胸衣口袋里掏出钱包会让你看起来更像个男人。双折或简单无折（所谓的"极简主义钱包"）的真皮钱包效果最好。两者都是手感好却又简单耐用。对于跨境出差的职业人士来说，旅行钱包也是必不可少的，首先是它容

----

3 除非你经常出差并使用多种信用卡，但是如果那样的话你就应该使用旅行钱包，如稍后讨论的旅行钱包内部格挡很大，应该能装下护照。

4 有医疗保险卡在身的确有助于"病有所医"，但是，假如你按照"着装法则"着装，即使你曾昏倒在急诊室里（原谅我打个不吉利的比方），你也可以放心得到救治，因为医生或院方管理人员都会认为你是完全可以支付医药费的绅士。

量足够大，可以装下护照之类的证件，并能与其他重要的身份证明一起保存。

每个职业人士都应该有一个黑色真皮钱包。黑色真皮钱包最应景、最正式，是标配。如果你很在意色系统一，再买个棕色皮夹也是不错的选择。但是要注意，把现金、信用卡和身份证拿出来再转到另一个新钱包里可能会很费神。就我个人而言，我在两个钱包里都留有现金，这样只是简单转移几张卡而已。一个更为大胆的选择是，保证钱包的颜色永远不要和腰带、鞋子的颜色相同，选择一个非"商务"颜色的钱包，例如选择一个与职场毫不相干的颜色、如蓝色、紫色或红色等等。这也是对使用黑色钱包的一种警示。黑色钱包的颜色容易与鞋子、腰带的颜色相同。这些五颜六色的钱包可以让你摆脱所谓"不相搭配"的担忧。

至于皮革的光泽质感，选择的范围还是相当广泛的。鳄鱼皮、鸵鸟皮、科尔多瓦革，应有尽有，任你挑选。只是不要买那些带有人像、刺绣或者类似《低俗小说》里那种带"BMF"字样的钱包。[5]

虽说还有很多其他材质做成的钱包，但是职业人士的钱包就应该是真皮做的。帆布运动型钱包或合成编织材质的钱包通常带有魔术贴（又叫尼龙搭扣），那些都是半大孩子或"穷游"的背包客的标配，职业人士应避而远之。

> **法则 42**
>
> ─────────────
>
> *职业人士不应配置带有魔术贴的帆布运动型钱包。*

----
5 其实"BMF"的钱包比人们想象的更为常见。显然，应该尽量回避使用这种钱包。

我在这里要指出的是，金属钱夹也是一种可接受的配饰，因为它的确可以替代钱包。但我对使用金属钱夹是有顾虑的，因为当你准备拿出现金的时候还是有点太招摇了。对此，我曾向一些使用金属钱夹的职业人士请教，经过"盘问"，他们都承认拿钱的时候的确感觉非常拉风。我认识的一个会计师朋友曾跟我说，自从用了金属钱夹总是觉得自己只能携带 20 美元面额或更高面额的钞票了，除非他不怕被人"笑话"。[6] 但如果你没有这样的顾虑，那就不妨用用金属钱夹。有些金属钱夹还带有瑞士军刀的功能，使其用途更加广泛（但要注意，如果其中确有军刀的功能，那么出差登机之前还是要小心处理一下了 [7]）。

名片夹：结案

不管你喜欢与否，客户是我们职业人士的衣食父母。正如我早期的一位导师所言："没有客户，我们就是徒有虚名，受教育程度再高，也是无所事事的废人。"鉴于这一现实，名片仍然是律师行业的必备工具。它既是你的名片，也是你所属公司的标签。基于这些原因，应妥善保存名片 [8]，胡乱塞进钱包不是个好办法，因为可能会弄皱。说真的，当你在钱包里翻来翻去，在健身卡、收据和其他纸片中（这其中可能还有别人的名片）寻找自己的名片时，那个潜在的客户会做何感想？还有，当他最后拿到的竟然是一张脏兮兮、皱巴巴的纸片，而这又是代表你和贵公司门面的名片，难道你不觉得会失去这个潜在客户吗？但是，假如你动作优雅、潇洒自如地从外衣口袋里取出名片夹，打开，然后取出一张精

---

6 我觉得他的这句话说明了一切。所有会计师现在都应该了解，面额低于 20 美元的纸币不中用了。悲催。

7 我以前用"EveryTool"的时候就曾有过一次类似的经历，那个"EveryTool"是我在去非洲旅行之前友人赠送的。我不知道里面有刀片，当我从坦桑尼亚乘机飞往阿姆斯特丹的时候，我把它放到随身携带的行李中，但是当我准备从阿姆斯特丹登机前往纽约的时候，我因携带管制刀具而被阻止登机。幸运的是，我说话得体、穿着体面，即使是行万里路，我的着装依然"遵纪守法"，故被允许继续飞往纽约（当然那个 EveryTool 还是被扣下了）。

8 出示名片时，应该用食指和拇指握住名片的上角，然后将名片交给对方。这个习惯在东南亚仍然得以保留，且很通行，使递交换名片者看上去显得彬彬有礼。

美的名片（递给对方），两种做法相比，衬托出来的你必是能干的将才、优雅的儒商。

最常见的名片夹类型有两种：金属的和真皮的。金属的价格不菲，买时要看预算是否充足；有些金属名片夹是由金、铑或其他贵金属制成。但是，即使是在网上出售的最便宜的那种，通常也能简单地刻上自己名字的缩写字母，使其具有一定程度的个性化。一些金属名片夹还具有其他一些特殊内饰，如双色调[9]的天鹅绒或丝绸内饰。

买你喜欢的东西，买你能买得起的东西，但是请一定注意，留心不要在工作中过于嘚瑟，那些法则对你正确把握自己的位置至关重要。例如，你的一个老资格诉讼合作伙伴有个特拉风的名片夹，比如上面刻有挪威表现主义画家爱德华·蒙克（Edvard Munch）的《尖叫》（*The Scream*），那么作为一个年轻的同事，你就应该坚持使用一些样式简约，但又很有品位的名片夹，除了刻上你名字的首字母不要有其他装饰，确保名片夹的折叶能够折叠自如并保证金属名片夹的边缘不过于锋利（以免西服衬里和西服胸袋被割破）。还请注意，有些公司名片的大小与外形都有变化，从传统尺寸转向更加个性化的定制，所以在购买名片夹的时候，请一定确保能够装得下公司的名片。

另一个可行选择是购买皮革制作的名片夹。一些皮革做的名片夹很轻薄，可以毫不费力地装进最小的口袋里，还有一些名片夹内部装有金属支撑，因而能够更好地保护名片。[10] 皮革制作的名片夹款式多样，可供选择的品种很多，从便宜实用的皮革（甚至是人造皮革），到使用鳄鱼、鸵鸟或蜥蜴等各种动物皮制作的名片夹，可谓应有尽有。你可以找价格合理，颜色、图案和质量都令你满意的皮革名片夹。注意所选皮革的颜色，并认真考虑是否需要更多颜色的皮夹，

9　作为一种金属插件，这也不是什么特别有用的搭桥性物件，但是无论你的皮带扣与手表构成何种组合，它的颜色也不会让你感到不安。所以，如果你不想感觉被迫拥有不止一个名片夹，这也未尝不是明智的选择。

10　如同你的钱包受压后会发生变形，真皮名片夹在此情形下也会发生变形。很明显，一旦发生变形，你的名片也会受损。

从而与其他的衣服相配。如果这对你来说太费劲了，那就应该考虑买一个通用型的名片夹，它可以是黑色和棕色的（对某些人来说这可能是个麻烦的颜色组合），或者是那种你永远不会用作皮带或鞋子的颜色，比如蓝色或红色。

时尚的职业人士可能会选择不止一个名片夹。亲爱的，听我说一句，这根本不算事儿。把所有的名片都存在这些夹子里，并把它们和钱包、钥匙放在一起，出门的时候和当天的衣服搭配着佩戴。就这么简单。

为跑本垒的孩子配备腰带

职业人士必须拥有多条腰带，以便能与"五大件"，即必备的五双鞋子相匹配。也就是说，他必须有一条与黑色正装匹配的皮带、一条与棕色套装匹配的棕色皮带，外加一条科尔多瓦皮革（马臀皮）皮带（三条必备皮带）。有了这三条必备的皮带，他就能给那五双必备的鞋子配上合适的皮带了。如果想穿其他款式的鞋子，他的皮带（有时他可能穿吊裤带或者根本不系腰带）也应适当与之匹配。因此，假设职业人士购买的第六双鞋是一双浅棕色平底鞋，那他也应该相应购买一条浅棕色皮带。[11]

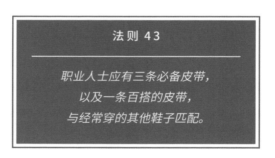

法则 43

职业人士应有三条必备皮带，
以及一条百搭的皮带，
与经常穿的其他鞋子匹配。

对于非传统外形的绒面鞋或皮鞋，单选一条皮带的做法也难尽如人意。但是，

The Laws of Style: Sartorial Excellence for the Professional Gentleman

---

11　通常最好是在买鞋的同时（假设你是在百货公司或是大型鞋类零售店，这些商家都有皮带出售）就顺便把皮带买了，因为任何称职的销售人员都会给你做导购，帮你找到一款合适的皮带。我第一次买那双牛血色巴尔莫勒尔鞋的时候没买腰带，因而不得不等了整整六个月，然后才穿上那双鞋子，因为当时没买到合适的皮带。

对于正装鞋来说，这是必须要做的。Coach、Andersons 和许多男装零售商均有款式多样的腰带适合挑选。

皮带与不同款式的休闲鞋，比如运动鞋等搭配，就更具有挑战性。有时挑战太大，甚至在某些情况下，如果你所穿的裤子与鞋子搭配得天衣无缝，你甚至可以考虑不系皮带。一般来说，腰带应该和鞋子一样具有休闲的特点。所以不要穿休闲鞋子时系正装皮带，也就是说，休闲鞋需要搭配休闲皮带。但问题是，真的没有太多合适的休闲皮带可供选择，因为大多数休闲皮带要么是帆布或编织皮带，要么是珠纹或珠饰皮带。还有，它让你的整体衣着风格都变得越来越休闲，这是不系皮带的另外一个理由。其优点是，与穿正装鞋不同的是，你不必过多地考虑如何匹配腰带，相反整体协调即可。所以，假如我穿一双白色运动鞋上班（相信我，先生们，这事百年不遇，绝对是一种假设），我很可能会系一条深蓝色、带白色条纹的 J.Crew 皮带。同样，如果穿一双棕色 Rag & Bone 高帮运动鞋，我就会配一条 Il Micio 棕色皮带。

品牌须知

———

Andersons：1966 年在意大利帕尔马创立，是意大利高档皮带和配饰的代名词。该品牌旗下的产品至今仍然由家族经营，产品由 50 名训练有素的工匠制作。

Il Micio：Il Micio 是一个深藏不露的品牌，它位于佛罗伦萨的一条巷子深处，其创始人深谷秀隆（Hidetaka Fukaya）的工作室制作的都是很小巧的皮具和定制的鞋子，产品充分展示了他独特的个性，并将旧世界的工艺与鲜艳的色彩，以及有趣的原材料融合在一起。

几点关于皮带作为"桥梁"功能的说明：如果需要与其他皮革制品（如鞋、

手表带、公文包等）搭配选择，皮带可以很好地帮助你达到这个目的。例如，深棕色和浅褐色的编织皮带可以在两种颜色之间打造完美的链接，让你可以穿着任何一种颜色的鞋子，并且是舒舒服服的。同样，也可以和任何一个颜色的皮表带或公文包搭配。如此看来，你完全可以把这两种颜色混搭或相配。此外，还可使用皮带扣作为配饰的金属桥段，虽说不容易，但也可以偶尔为之。原因很简单，因为大多数正装皮带上的搭扣都很小，而且很少再增加金属装饰。请不要选择那些硕大无比、稀奇古怪的搭扣，比如说含金带银的那种。那样的超大搭扣像是给牛仔用的。除非你是在得克萨斯州做石油和天然气买卖的，不是的话就离那些属于牛仔的东西远点儿。也就是说，朋友，不能随意"搭桥"，或者打个比方说，建在沙土上的桥墩会使你失去根基，从而摇摇欲坠。

不要将皮带作为展现个性的配饰。让我们面对现实吧，对于所有的职业人士来说，我们的肚脐绝不应该成为外人关注的焦点。串珠皮带属于非正式配饰，特别是在南方，像大多数五颜六色的配饰一样，系珠纹皮带必须非常小心谨慎，否则就会显得非常闹腾。同时，要把皮带和鞋子搭配起来也不是件容易的事儿。如果穿着中它会被显露出来，试着把皮带上珠纹或珠饰的主颜色和鞋子底层皮革的颜色搭配好。所以，如果你打算在夏天的某个星期五系上那条珠纹皮带去打高尔夫球，那么一定要穿卡其布斜纹裤，上身最好是一件纯白色或蓝色的正装衬衣。除非你有一条与皮带主颜色搭配得很好的领带，否则根本不用系领带。所以，如果正式场合需要打领带，那就不要系珠纹皮带。

穿吊带，请三思而行

20 世纪 80 年代的美国歌舞升平，喧嚣的华尔街"笙歌归院落"，吊带（英国英语用 braces）成了这个时期的时尚宣言。然而，吊带的出现却使这个传统的时尚配饰变得声名不佳。因为我们在恶魔的身上看到了它的身影：或者是带有花哨斑点的那种，或者是颜色鲜红，与对比领白衬衣或深色细条纹西服搭配的那种。正如我们所知，尽管这个反面角色或许是许多商学院学生的时尚偶像，但是在"占领华尔街"运动的集会上，他却是个万人恨，穿着吊带的模拟形象经常被人们付之一炬。但是吊带的优点被低估了。如果有更多的人知道吊带的好处，知道穿上吊带会有多舒服，并且还可以购买颜色相对保守的鞋子，像棕褐色、藏青色等冷色，那么就会有更多的人穿吊带了。

穿上吊带，虽然看上去可能有点"戏过"，但是吊带实际上对于固定裤子的位置是一个至关重要、值得重视的配饰，比腰带更好用，当然也更舒适。Albert Thurston 在 1822 年推出了第一款吊带裤，作为一种普通内衣，目的是适应当时高裤腰的设计风格，这样腰带就没什么太大用处了。基本上，吊带是穿在肩膀上的织物吊带，可以从前后两面帮助固定裤子的位置。这一点很重要，考虑到你的身材，吊带不会人为地破坏裤子的垂感。在大多数情况下，这是一件好事。当三件套西服成为标准时，吊带则被隐藏，因为人们曾经一直把它当作内衣看待。因此，当西服背心过时后，男人更喜欢用腰带固定裤腰，似乎露出吊带就等于露出自己的内裤。但是，通过耻感控制服装设计，或使之完美早已是过时的招数了。在今天更是毫无意义。

品牌须知

————

Albert Thurston：创建于 1820 年，Albert Thurston 一直为国王、总统和皇室成员制作吊带和臂带。它的产品颜色低调，质量高，因而也能满足职业人士的需求。

Bretelle & Braces: 罗莎娜（Rosanna）与摩尔克·摩尔娄（Mirco Merlo）创建的意大利品牌，所有产品都由手工生产，显示了其对细节极大的关注。他们既生产搭扣式吊带，也生产纽扣式吊带，前者我不推荐给职业人士。

从另一个角度来看，腰带是用皮革制成的，硬度如金属，做成方形的宽带缠绕在腰部上，很不舒服。当我们坐下来（我们大多数人每天上班都是坐在办公室），腰带会勒肚子，令人非常不适。毫无疑问，许多职业人士承认，（在坐着连续阅读三到六个小时）起草 PowerPoint 演示文稿或兼并协议之后，他们都会解开皮带，舒服一会儿。[12] 相反，当你坐在座位（或站立时）时，吊带完全不会给你带来不舒适感。这还不是全部；假如腰带"勒"的是你的"腹部"，那么吊带则是"吊在"你的肩胛骨和躯干上，让你挺胸，替你收腹。除了那些最不可理喻的职业人士之外，大家都很喜欢这种重心的变化。此外，吊带就像一件量身定制的夹克一样，自动修正身姿，提升完美度，并把肩膀和腰身等人体的重要部位巧妙地对齐、对接。职业人士需要有这样的认识，即吊带是一种高明的"修身之术"，使用吊带既不是时尚也不是突出重点，作为一种低调的时尚要素，它增强了其他时尚要素组合的重要性。

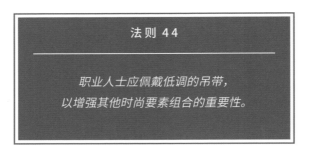

法则 44

职业人士应佩戴低调的吊带，
以增强其他时尚要素组合的重要性。

　　吊带可以是金属搭扣式（不理想的吊带）或纽扣式的吊带，后者是指把扣子缝到裤子内侧，也就是说，如果你想使用这条更理想的吊带，就需要把纽扣缝在腰部内侧。你可以认真考虑把裤腰上的皮带环去掉，这样裤腰就会显得更干净整洁，但是很明显，穿这条裤子的时候只能配吊带了。这只是一个成本效益分析，供你参考。如果你经常佩戴吊带，那么拆下皮带环是合理的。

　　请按如下方法系吊带：吊带的相对宽度一般要与西服外衣的翻领和衬衣领

12　如果你在这种令人遗憾的行为状态下与你的同事开会，有可能被指控性骚扰。

子的宽度相匹配。颜色成熟保守型的较好，但要讲究色差。所以，佩戴藏青色、棕褐色和黑色的吊带，尽量与衬衣和夹克外衣形成鲜明的对比。一般来说，吊带的颜色应该与鞋的颜色相配，就如同你系的皮带要和鞋子的颜色相同一样；避免标新立异或印有各种符号的吊带。它们与时尚风马牛不相及，看上去简直滑稽可笑。将材质的质感和形式与你的整体外形相匹配。因此，丝绸吊带应仅限于在更正式的场合下佩戴，罗纹、提花和牛津布材质的吊带是百搭，通常佩戴起来还有灵活度，可以与各种服装搭配使用。皮革吊带也是一种选择，但看起来有点沉重，缺乏普通吊带的灵活性。与皮带一样，它们更直接地与职业人士的正装鞋相匹配，但是对皮革的要求相对较高。

眼镜

眼镜被许多职业人士视为"不可避免的灾祸"。不过失望中的一线希望是：眼镜确实会提供一个很好的提升你整体着装效果的机会，它不仅可以突出你的脸型，还可以让你看起来更加勤奋，更加专业。框架的材质和颜色应该是传统的，像金属或铜等做的金丝边框、玳瑁边框等，颜色可以仅仅是黑色的。千万不要

戴红色或白色的框架，或有任何颜色的框架，除非你想万人瞩目。

眼镜要与脸型相配。对称的瓜子脸可以戴各种风格的眼镜。但对于其他的脸型，则有一些简单的规则可供参考。

• 如果你是长方脸，那么就要找好平衡感，眼镜框最好不要超过脸部最宽的部分。圆形或方形镜框会很适合你，但要保证选择较为大方的款式，以免你的脸部五官看上去太小。

• 对于圆脸，你应该喜欢有棱角的镜框，这类镜框可以使你的脸型棱角分明。因为镜框比你的脸稍宽，这样脸颊会显得稍微瘦长一些。此外，带棱角的眼镜有助于延长你的太阳穴部位，并使你的脸型趋于窄长。不要用圆形框架的眼镜来衬托你的圆脸，最好选择硬朗的醋酸纤维板材风格的镜框，这样你的脸部轮廓就会更加清晰。

• 如果你是方形的国字脸，你的选择就多了，当然，条件是要跟着自己的面部曲线走。用矩形的镜框，但是棱角不要过于分明，柔和的棱角会使国字脸不棱角分明，总之，避免用带棱角的镜框增强脸部的轮廓。

• 一张菱形或心形的脸适合很多种风格的眼镜。如果你的下巴轮廓分明，颧骨和前额宽阔，那就可以戴复古、长方形风格的眼镜。

对于包括距离远看不清在内的一般性视力问题，必须时刻配戴眼镜。然而，老花镜一般仅限于阅读时才需要戴上。然后问题由此产生了，老花镜不用的时候，职业人士应把它放在哪里？这种烦恼（我可以向你保证，作为一个戴老花镜阅读之人，它们在不用或时用时不用的时候更烦人，因为我必须不断地上下滑动它）也是着装讲究的机会。因为，如果我们已经功成名就，戴上眼镜会让我们看上去老成持重、饱读诗书、不苟言笑，它完全是一个有特殊功能的配饰。如果你能忍受的话，把老花镜戴在鼻梁上是最好的选择。你可以用这种方式阅读，也可以抬眼从眼镜上方看东西，但是距离不能太远。长时间使用老花镜可能会导致头痛，因为你总是要通过老花镜去看超出视力范围的人，比如与坐在远处的同事说话时。但是，当你抬头与他人通过眼神接触沟通交流时，鼻梁上的眼镜会略有倾斜，那不变的弯眉与额头上的皱纹，都是职业人士成熟之大美所在。

品牌须知

———

Oliver Peoples：成立于 1987 年，该公司在西好莱坞开设了第一家精品专卖店。

The Laws of Style: Sartorial Excellence for the Professional Gentleman

除了在 Oliver Peoples 的精品店和 oliverpeoples.com 的网站上销售自家产品，这个品牌的眼镜在世界各地的各种著名时装精品店和百货商店中都有销售。经典而又不失惬意，这些眼镜都是为杰出的职业人士制作的配饰。我的眼镜都是 Oliver Peoples 品牌的。

Moscot：美国眼镜品牌的百年老店，于 1915 年由海曼·莫斯科特 (Hyman Moscot) 在下东区创立，是纽约市历史上最悠久的本土企业之一。其以大胆的经典设计和都市审美而受到消费者的青睐。镜框、眼镜和太阳镜等产品均归类为莫斯科特原创，以及莫斯科特精神收藏系列旗下。制作材料包括醋酸纤维和 β 钛合金等。Moscot 与 Johan Lindeberg、Todd Snyder 和 Chris Benz 等品牌也进行了合作。

Robert Geller: 出生在德国的美国设计师，2007 年首次推出他的男装系列，在 2009 年获得 GQ/CFDA 最佳新男装设计师大奖。他的服装品牌线非常超前，明显受日耳曼文化的影响。我在自己的商业休闲"库存"中囤积了几件这个品牌的毛衣，其做工非常精湛。Robert Geller 最近又推出了眼镜产品，关注细节，精工出细活，产品都质量上乘、风格高雅，非常受职业人士的青睐。

Tom Ford：由 Gucci 前创意总监汤姆·福特创立。福特多才多艺，是业界公认的奇才。2015 年推出眼镜系列产品，作为其品牌产品的一部分。福特的设计大胆、个性张扬；带有飞行员眼镜风格的标识设计更赋予了职业人士志向高远的大气和霸气。

Selima Optique: 这是个时髦感极强的眼镜品牌，由塞里玛·萨伦（Selima Saluan）在纽约创立。它有着明显的法国地中海韵味，一些设计理念可能会吸引更加年轻的法国职业人士。

老花镜不用之时，还有另一个放置的地方，那就是你西服外衣上的口袋里。如果可能的话，把眼镜放在口袋里，只露出一只眼镜腿即可，既含蓄又实用。有时，如果手帕和眼镜抢地盘，口袋里没地方装眼镜，在这种情况下，只把一只眼镜腿放在口袋里，或者干脆拿在手里即可。无论如何，我们应该随时准备好老花镜。我们是职业人士，阅读并通过阅读获取数据是一个永恒的现实。眼镜放对了位置，你看上去就会年富力强。如果眼镜框架适合你的脸型并设计得体，你看上去就会更优雅大方。

未来无限光明：如何佩戴太阳镜

太阳镜很性感。它们能让你看上去温文尔雅、神秘莫测，它们也能让你看起来像个混蛋。不能看到一个男人的眼睛，这就有点险恶了。因此，职业人士佩戴墨镜时应该小心谨慎，我们既想看上去温文尔雅，也想看上去值得信赖。因此，职业人士的一条绝对法则是，佩戴太阳镜必须有目的。

> **法则 45**
>
> *职业人士应在明亮的环境下或在驾驶车辆时佩戴太阳镜。*

太阳镜天生是实用性的。当瞳孔受到阳光或强光影响时，它们会保护你的瞳孔免受强光的影响。但是，在任何其他（非强光照射的）环境下佩戴太阳镜并不可取，会有过分个性张扬之嫌。所以不要在室内戴太阳镜。虽然科里·哈特（Corey Hart）可能在夜晚还戴太阳镜[13]，但他不是职业人士。

13　《午夜里的太阳镜》，选自科里·哈特的首张专辑《第一次进攻》（*EMI*，1982 年）。

太阳镜有各种形状且大小各异。在大多数情况下，最好佩戴传统样式的太阳镜。飞行家偏光太阳镜（Aviators）、派对达人复古太阳镜（Clubmaster）、旅行者系列太阳镜（Wayfarers）、圆形镜片的柯布西耶太阳镜（Corbusier models），以及 Persol 649 偏光太阳镜。镜框的材质和颜色也应该是传统的，比如金属的、玳瑁的，或者一般的黑色。

品牌须知

Ray-Ban：美国本土的太阳镜品牌，1937 年由"博士 & 伦"（Bausch & Lomb）创建，Ray-Ban 以 Wayfarers 和 Aviators 风格的太阳镜而闻名。1999 年，"博士 & 伦"以 6.4 亿美元的价格把这个品牌卖给了意大利卢克索提卡（Luxotica）集团。

Persol：意大利豪华眼镜品牌，也是世界上最古老的眼镜公司之一；和 Ray-Ban 一样，目前属于卢克索提卡集团。[哈特·斯科特·罗迪诺（Hart Scott Rodino）档案，有人听着吗？] Persol 这个名字来源于意大利语"*per il sole*"，意为"为了太阳"。Persol 成立于 1917 年，由朱塞佩·拉蒂 (Giuseppe Ratti) 创立，最初为飞行员和赛车运动员服务。它的商标是个银色箭头（通常被称为"超级箭头"），该公司的几款眼镜都有这个标志。

Garrett Leight：这个总部位于洛杉矶的品牌成立于 2011 年，以极具竞争力的价格生产具有加州特点的眼镜和太阳镜。创始人的背景是眼镜设计专业世家，因为他的父亲是 Oliver Peoples 的创始人。信息披露：HBA 是该公司的代理律师公司。

Warby Parker：风险投资的宠儿，制作品质精良、价格合理的眼镜和太阳镜，

> 它是职业男士的标配品牌，也是哈佛商学院的"优质时尚品牌的远景"研究案例。[14]Warby Parker 使几乎每一副眼镜都能成为职业人士的标配。

此外，尽量购买适合自己脸型的眼镜。同样的规则也适用于所佩戴的眼镜，所以我将重述这些简单的规则，因为它们也适用于太阳镜。

·如果你是长方脸，那就请使用宽度不超过你脸部两侧最宽部分的镜框来平衡一下。选择风格大方一点的，这样你的面部特征也会相应变得突出。飞行员风格太阳镜是个可靠的选择，因为水滴形的镜框轮廓有助于突出面颊和颌骨。

·对于圆脸型，你应该喜欢有棱角的镜框，它会让你的面部更有棱角。

·国字脸应该选择有曲线的眼镜框，如飞行员风格或角度柔和的长方形镜架。避免使用棱角分明的镜框，因为它会增强你脸部的棱角。

·一张瓜子脸或心形脸可适合不同风格的镜架。如果你觉得自己的下巴过于窄小，那么选择经典的派对达人系列复古太阳镜或玳瑁镜框会帮助你将人们对此细节的注意力转移到你的脸部上方。

牢记那句罗马法格言："不知法律不免责。"

14 克里斯托弗·马奎斯 (Christopher Marquis) 和劳拉·维拉 (Laura Velez Villa)：《Warby Parker：优质时尚品牌的远景》(布赖顿，MA：《哈佛商业评论周刊》，2012 年)。

13

户外衣着

"穿着得体是有礼貌的一种表现。"

——汤姆·福特[1]

帽子

曾几何时，大多数男人都不会，实际上，职业人士做梦也不会，离家外出时不戴帽子。帽子曾经是每日必戴的，然而 60 多年前这个传统突然戛然而止。20 世纪 60 年代，职业男士的时尚着装文化发生了转型，这或许是因为时尚偶像肯尼迪的榜样作用，当时他开始经常不戴帽子在公众场合露面。这可能就是帽子历史上的一个重要拐点，人们开始违背着装的法则，普遍外出不戴帽子，

1　福特曾经担任 Gucci 和 Yves Saint Laurent 的创意总监，2006 年推出了自己同名系列时装作品。作为一名跨界的时尚设计大师，福特创造力无穷，可谓多才多艺，他主导 Tom Ford 品牌的男装和女装的设计工作，并执导过多部获得奥斯卡提名的影片。

开启了一种全新的趋势。

从那时起，人们不断为复兴佩戴帽子的传统而努力。我本人就拥有一些帽子，在纽约、伦敦或巴黎等真正的大都市的街道上步行，我并没有鹤立鸡群的感觉。我认识很多经常戴帽子的男士，但我不得不承认他们被许多人称为"帽子男"。我宁愿让你被称为"穿着得体的人"，或者仅仅是"那个有风度的人"，所以如果你想戴帽子，那就保持适当的克制，遵守"时尚法则"。

关于帽子，适合专业男士佩戴的基本样式包括以下几种：

浅顶软呢帽（The Fedora）

经典的男式帽子。典型的软呢帽通常沿冠中部纵向皱褶，然后在两侧前部附近"捏"成一个造型。尽管貌似与黑帮暴徒有染，印第安纳·琼斯（影片中的一位人类学教授）以及无数著名的职业人士都选择佩戴这个款式的帽子。一顶戴上令人感觉舒适的软呢帽都有一个结实耐用且很有韧性的帽檐，这个帽檐可以在前面或后面"拉上"或"压下"，即可以从后边、两侧以及前部随意捏出各种造型。帽子越常戴越好，无论是外形还是舒适度，都是如此。像 Larose、Stoffa、Pascal 和 Borsalino 这样的品牌都有优质、轻薄的软呢帽子出售，由于材质柔软，可随意折叠，因此方便旅行随身携带。棕色帽子最适合职业人士，但你也可以尝试棕色以外的颜色，如黑色或藏青色等。一旦你适应了浅顶软呢帽的一般佩戴方式，那么，你还可以尝试一下淘气的侧戴法。

品牌须知

Larose：成立于 2012 年，与法国南部的专业女帽制作厂家合作。他们从制作五板帽开始，最终扩展为产品系列，但仍然致力于保持经典和低调、不奢华。该品牌专注于制造一个永恒且时尚的产品。

Stoffa: 创建于纽约市，生产高质量的经典配饰。Stoffa 的信条是，以负责任的方式从原材料中生产出令人满意的产品。目前的业务已经扩展到包括定制的外衣和裤子等产品。如果考虑材料和人工的费用，他们产品的定价处于合理区间。披露：HBA 是 Stoffa 的法务代表。

Borsalino：于 1857 年在意大利成立。这个品牌最知名的产品是它的软呢帽，属于经典的高大上，也是符号性的标志性产品。该品牌使用高质量的原材料和精湛的制作工艺，生产出的产品经得起时间的考验，耐用，其风格经久不衰。

洪堡软毡帽（Homburg）

洪堡软毡帽是一种较为正式，但不那么酷的软呢帽款式。其制作原料主要是毛皮或毛毡，是正式场合穿戴的可靠选择。洪堡帽子与软呢帽一样，都是在帽顶有一个中心褶皱，有时在前部两侧捏出造型，有时没有。但是，帽檐更硬，转圈翘起，角度不可向下。最后这个特点，会让戴帽子的人看起来有点呆傻，除非你自信无比。说唱界的大腕歌手们已经成功地做到了这一点，但是对于职业人士来说，能做到这点是不易的。

爵士帽（The Trilby）

爵士帽有一个较窄的帽檐，帽檐向前角度向下，向后则角度向上翘起，而浅顶软呢帽则是帽檐较宽，可谓平坦宽阔。与典型的浅顶软呢帽设计一样，爵士帽也有一个浅顶的帽冠，只不过比浅顶软呢帽略短。从客观上讲，爵士帽的确是顶很酷的帽子，许多人，包括 20 世纪 90 年代的男孩乐队，都在挪用它的"酷"劲儿，并乐此不疲。爵士帽也许对职业人士来说太时髦了，但由于它很棒的款式设计，它再次吸引了时尚人士的关注，它的流行风潮很可能卷土重来，再次因"酷"而火爆，其实我也不会让你失去如此爆款的帽子。作为"杠精"派，我还相当肯定，这款风格含蓄的爵士帽在某种程度上会恢复以往的荣耀。如果你真的选择了这款帽子，请一定购买做工优质的，颜色以浅棕色为好，戴帽时更要注意场合。

品牌须知

Goorin Bros.：于 1895 年在匹兹堡成立。该品牌以制作具有户外风格的传统帽子起家，最终发展为运动帽子品牌，成为第八届冬奥会官方指定的帽子提供商。该公司仍然是家族企业，不仅致力于产出高质量的产品，还致力于社区建设，特别是在美、加两国建设有小型礼帽店驻站的社区。

Lock & Co.: 1676 年在伦敦成立，被认为是世界上最古老的帽子店，也是现存最古老的家族企业之一。他们以创造保龄球帽（或曰可乐帽）而闻名，人们广泛认为查理·卓别林在无声片时代的银幕上所戴的那种帽子就是由洛克公司生产的。该品牌对帽子情有独钟，秉承使用最好的面料制作出精致且高度个性化的帽子的理念，同时也为客户提供上乘的服务。

Musto：公司创始于 1980 年，由英国前奥运帆船手建立，是一家擅长生产航海服的制造商，后业务扩展到包括马术和射击等户外运动的装备。穆斯托致力于创造高质量、舒适的产品和装备，并致力于提高使用者的运动表现。

猪肉馅饼帽子（Porkpie）

猪肉馅饼帽子的帽檐窄，并且总是会翻起，圆形平顶中间有点凹陷缩进。和爵士帽一样，猪肉馅饼帽子看起来非常潮，深受那些身穿牛仔裤、黑色 T 恤、终日游荡在桌球房的潮人们的青睐。[2] 考虑到它与时髦纠缠不清的关系以及帽子前边的翘角（在我看来，这使大多数戴此帽子的人看起来显得愚蠢），我还真是不能把这顶帽子推荐给职业人士了。在此提到它只是想给大家提个醒儿。如果你实在喜欢，就买一顶 Goorin Bros. 品牌的吧。

平顶硬草帽（Boater）

平顶硬草帽是男子夏季佩戴的帽子，虽说是用较硬的稻草所做的，但是依然属于正式的帽子。特点是帽檐柔软度不够，不够灵活，平顶，且有丝绸纹带（往往是条纹状）的镶边。[3] 平顶硬草帽相当正式，最适合搭配一件休闲西服外套或正装西服套装。不过，这是一款丹蒂风格的帽子。和猪肉馅饼帽子一样，我暂不向职业人士推荐。

巴拿马草帽（The Panama）

这款帽子的起源地是厄瓜多尔（而不是巴拿马），带帽檐，属于传统的草帽外形。传统的巴拿马帽子由棕榈状植物卡卢多维察（Carludovica Palmata）的叶子编织而成，而不是真正的棕榈。帽子的前端向下，后端翘起向高走，类似一款经典的软呢帽。精品的巴拿马帽子的"织数"也很高，每平方英寸可高达2500 支，人称 Montecristis 帽，以 Montecristi 镇的名字命名，也是这款帽子的原产地。据说，最好的巴拿马帽子甚至可以用来盛水，将帽子卷起来甚至可以穿过一枚结婚戒指。对于那些在温暖气候中工作的职业人士来说，巴拿马帽是标配，戴上它扬眉吐气、舒适无比。

----
2 布赖恩·克兰斯顿（Bryan Cranston）在《绝命毒师》中饰演的沃尔特·怀特（Walter White）是电视史上佩戴猪肉馅饼帽的经典角色。
3 按理说，这条丝绸纹带应该是纯黑的，适合传统的夏季正式场合。

驾驶帽（*The Driving Cap*）

驾驶帽的历史可追溯到意大利南部、英格兰北部和苏格兰部分地区，而且各种叫法，名目繁多。[4] 用于制作驾驶帽的面料包括花呢、羊毛和棉布，帽子内部有里衬设计，舒适且温暖。

———

雨伞

手中有伞，要么可以让你看上去干练、优雅，要么让你看上去截然相反，机会难得，千万把握好。大多数人不会花大钱买雨伞，而是花小钱买便宜货，遗憾的是便宜没好货，遇到倾盆大雨或狂风大作，都不起作用，最后被吹飞吹翻。这些便宜的次品从来不会给职业人士增光添彩，相反还会为其"减彩"。所以，花钱买一把结实耐用的雨伞，还有，千万别丢了。

法则 46

职业人士应该花大价钱买一把结实耐用的雨伞。

如果你只有一把好伞，就应该选择黑色的。但是，一旦你理解了这条法则的智慧，并能充分享用一把大小合适、用起来得心应手的雨伞，你可能就会想要一把深蓝色的雨伞，以便能更好地搭配一双棕色的皮鞋。之后你还可以尝试偏离主流颜色，假设雨伞本身的做工很精细，你仍会看上去精力充沛和优雅体面。我有一把橙色的 London Undercover 牌的雨伞，我时不时地拿出来亮个相，每次它都让我高亮一下，即使它和我全身上下的着装不构成同色系也无妨。雨伞实际上是从遮蔽阳光用的太阳伞衍生出来的，设计的初衷是让使用者躲避太

---

4 它也被称为 Ivy 帽、Cabbie 帽、longshoreman 帽、布帽、Scally 帽、Wigens 帽、高尔夫球帽、Duffer 帽、自行车帽、Jeff 帽、Steve 帽、爱尔兰帽和警察帽等。

阳的暴晒，而不是阻挡雨水从天而降。太阳伞的历史可以追溯到许多古代文明，但是太阳伞后来衍化为雨伞却成了仅供女性使用的物件。几个世纪以来，男人们固执地身着大氅和涂蜡的风雨衣艰难地跋涉于风雨交加之中，用雨伞被认为是娘娘腔。不过在 1750 年左右，一位名叫乔纳斯·汉威（Jonas Hanway）的人自信无比，带头使用雨伞。最初人们还对他冷嘲热讽，但是携带雨伞的优点战胜了人们的不屑，男性使用雨伞最终成为主流。

手握标准尺寸的大伞非常有帝王范儿，让人回想起早年的绅士们，即那个无论刮风下雨，各个手持拐杖或雨伞的 18 世纪，在那个时代雨伞成了人们每天外出的标配。除了用作手杖外，如果在街上或自动取款机旁遇上暴徒，并不得不与之混战保命的话，雨伞就真的成了你手中最有用的自卫武器。当然，如果你柔术 5 段位是黑腰带或者随身携带了一根打狗棍，那也挺好。但是要从风格上得分的话，歹徒很难打败手上有一把精心制作、带有结实的钩形手柄雨伞的绅士，特别是当你需要双手应付对方的时候，还可以把伞挂在你的手臂上。标准尺寸的雨伞，撑开时伞骨呈水平延伸和伞面呈穹顶形，能全方位地遮挡风雨——不多不少，即使遇上大风它也会坚固耐用。较长的伞骨是支撑雨伞的主心骨，能使雨伞在强风中保持坚固，并使此类雨伞比折叠伞更加经久耐用。

品牌须知

————————

London Undercover：英伦制伞品牌，2008 年由设计师杰米·迈特尔（Jamie Milestone）创立，该品牌将雨伞的设计与制造视为个人表达的潜在画布，并与 Vans 和 Billionaire Boys Club 等非英国潮流品牌进行了合作。尽管如此，London Undercover 仍然推出了一种高质量产品，其含蓄的特点深受大多数

---

5 IBJJF（巴西国际柔术锦标赛）要求选手保持至少 7 年的黑色和红色腰带段位。当巴西柔术黑带达到第七段位时，他或她将获得一条红黑相间的腰带，俗称珊瑚带，类似于柔道六段段位。

职业人士的青睐。

Fox：1868 年，托马斯·福克斯 (Thomas Fox) 在伦敦福尔（Fore）街创建，到 20 世纪 30 年代，Fox 的雨伞开始在世界各地销售。第二次世界大战期间，该品牌开始为英国空军制造降落伞。根据这一专业经验，Fox 雨伞推出了第一把尼龙天篷伞，使雨伞市场发生了天翻地覆的变化。Fox 雨伞制品是货真价实的，它会让关心雨伞品质的职业人士满意。

Francesco Maglia：意大利手工品牌，为许多著名的奢侈品牌生产雨伞，同时也在他们的米兰小作坊中生产纯手工制作的雨伞。这些制作精美的雨伞实为稀世珍品，其高价位也反映了这一点。对于那些眼光高、不差钱的职业人士来说，定制是必要的选择。

　　折叠伞不可取，但有时也是必要的。虽说不具备"华盖"的磅礴气势或功能，但它们紧凑、方便，并可以折叠整齐地放入公文包中。大多数折叠伞都很便宜，便宜没好货，因此折叠伞的名声不佳。如果是精心制作的型号，也堪称工程力学的精巧运用，因为只要按一下按钮就能毫不费力地将雨伞打开。即使不像它们的同类那样看上去那么优雅、功能性好，但也很实用灵巧。

　　关于使用高尔夫球伞的说明。人们可以在打高尔夫球时使用，也可以放在汽车后座，在大都市环境下使用，但是这些城市都是魔都型的非步行城市（例如，洛杉矶、墨尔本、法兰克福、休斯敦），在这样的大城市里，你可能下车、步行进入公司办公大楼附属的停车场，而在这段时间里，你很可能不会与熟人相遇，更不会与不想见之人相遇。然而，对于那些乘坐公共交通工具前往市中心的上班族来说，在城市街道上肆意使用高尔夫球伞是可憎的、不讲公德的。城市人行道上使用雨伞是受礼仪规则约束的，其中最基本的规则之一就是你的伞不应该太大，否则别人就不能在雨天打伞了。然而，让我们蒙羞的是，职业人士经常违反这条规则。听我说，我知道我们中的很多人都打高尔夫球，我也不例外。[6] 对我们中的许多人来说，这是一种重要的社交润滑剂，对其他人来说也是一种缓解压力的方法。我们打高尔夫球如同一次远游，我们的球伞质量上乘，但是大得出奇，几乎可以罩着一家难民。我们当中的一些败类甚至认为应该允许在城市人行道上使用这种庞大的球伞，也就是说任凭你当街昂首阔步、拿着手机高声喧哗，并强迫他人屈服于你那把特大号的高尔夫球伞的淫威，这样的行为不是什么时尚，这是粗鄙、是陋行。

法则 47

职业人士不应该在城市人行道上使用高尔夫球伞。

围巾

如同一条可被随时摘掉的功能性领带，围巾是一件被低估了的配饰。职业人士一进入室内便会将其摘下，它的短时陪伴性虽说会带来美妙的感觉，但是它的"水性杨花"意味着短暂的"风花雪夜"。此外，围巾也可以给外套增色，否则通常只穿外套不戴围巾就会显得过于平淡，除非你有六件以上的大衣轮流替换。像 Andrea's 1947、Drake's 和 Colombo 这样的品牌都有推出高质量的围巾。

品牌须知

Drake's: 英国品牌，由迈克尔·德雷克（Michael Drake）、杰里米·赫尔（Jeremy

6　我打得不好，可以肯定，我大概是 18 "洞" 残疾。

Hull) 和伊莎贝尔·迪克森（Isabel Dickson）于 1977 年创立。Drake's 的主打产品系列是优质的男式围巾、领带和丝绸手帕。旗下大部分产品是在伦敦东北部的一个小作坊里手工制作的，图案设计品位高尚、典雅大方，制作和质量都是一流的，从古代的墨印提花制品到现代的羊毛领带，Drake's 与丝绸厂和印刷厂密切合作，创造出永恒，但又不断推陈出新的产品系列。

Andrea's 1947：该品牌坚持以传统方式制造纺织品，即在复古的梭织机上用手工织制产品，坚持不懈已经超过 50 年。所用羊绒和丝绸都是超高品质的材料，成为职业人士最温柔的"颈部"伴侣。

Colombo：意大利公司，世界级领先企业，主打羊绒制品，专门生产高档纤维混纺制品，如小羊驼和南美安第斯山脉的骆马毛都是他们的精纺原料。他们出品的围巾精美绝伦，做工更是独一无二。

关于功能，围巾功能多样、一"巾"多用，既可以避寒，也可以保护皮肤免受阳光的过度照射。在柏林，一条厚厚的羊毛围巾可以让你的脖子在寒冷的早晨保持温暖；而在阿布扎比，一条亚麻围巾可以保护你的脖子免受阳光的过度照射以及沙尘的侵袭。此外，围巾还会增加花色，特别是给原本色调单一的服装带来亮丽的色彩。只要不破坏它的基本功能，几乎没有人会怀疑一条色彩鲜艳的羊绒围巾，能使职业人士所穿的黑色 Brioni 大衣或棕黄色 Burberry 雨衣变得更加"士"气风发。如此一来，如能恰当地佩戴围巾，你就得了职业人士着装的真传了。戴上围巾吧！

围巾有多种戴法。把围巾的一端或两端绕在脖子上是最简单的系法，大多

数情况下我都是如此戴着围巾，也就是说系围巾可以有各种各样的"结"，即单结（或叫反手结）、Ascot 结，或假结，打结方式简单，在任何情况下，都能轻松打结或解开。法式结可以系得更紧一些，我通常在天很冷的时候选择法式结，主要是想让围巾紧贴在我的脖子上。

围巾应该戴在大衣的里面，如果只穿一件夹克外衣，尽量系在夹克翻领的下面（指夹克层，不是指翻领外）。把围巾围在衣服外边并无多大好处，给人的感觉是你戴着围巾只是为了炫耀什么，或者你对系围巾根本一无所知。既无能也不优雅。

大衣

如果你生活在一个季节变化明显的城市，或者有时外面会很冷，那么一件大衣——大的外套或是罩在外边的风衣——是唯一可以与西服或商务休闲 odd 夹克进行组合搭配的。[7] 大衣是为御寒或专门为防雨而做的，前者通常是由羊毛或羊绒（或两者的混合织物）制成[8]；而后者由棉质的防水布华达呢、戈尔 - 特克斯薄膜或某些橡胶材料制成，俗称风（雨）衣。但是，无论其功能如何，穿一件风衣或其他时尚感较强的夹克与商务服装搭配是非常不合适的。

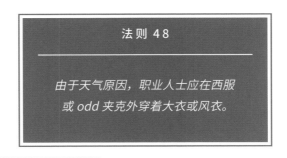

法则 48

由于天气原因，职业人士应在西服
或 odd 夹克外穿着大衣或风衣。

7　虽然这些术语通常是交替使用的，但大衣是最普遍使用的（通常它是指任何套在其他衣服外面穿的）名词，而轻便外套与大衣二者之间的区别在于大衣的重量和它的穿着方式不同。也就是说，轻便外套轻薄，而大衣厚重、有双排扣，历史上与军服有关。

8　虽然较为奢侈，但是羊绒不耐穿，特别是在领口、袖口和肘部容易出现破损。依我之见，我认为在正式场合穿一件传统的黑色羊绒大衣是必要的。在此之后，任何额外的羊绒大衣都取决于个人喜好。

我想起了年底发生的一次兼并重组的收盘（根据某项税务规定，这些规定将于1月1日生效）。随着最终文件的提交和汇款到账的确认（根据我向本所高级合伙人的强烈建议，这也是交易完成后的常规做法），我们宣布，为了向各方表达我们的敬意，我方律所将宴请所有在场的当事人，其中包括我们的客户和他们的合并伙伴，以及银行贷款员、银行律师、合并方的贷款银行、合并方贷款银行的律师、合并伙伴的律师，以及信息员外加在场的咨询顾问等。庆功宴地点是斯巴克（Sparks），一家价格不菲的牛排馆，离我们律师楼大约五个街区远，位于曼哈顿中城。当时室外的温度大概是 7 摄氏度，还下着小雪。但是，由于这桩兼并重组交易的结案，外加本人勇气可嘉，成功组建了一个实至名归的新团队（相对即兴的草台班子），让我兴奋不已，于是我冲上几层楼，狂奔至办公室拿我的大衣。正当我快速套上那件简约但有品位、单排扣、敞口翻领、羊毛质地、黑色并带有 Lord & Taylor 标签[9]的大衣时，本次合并案子的同伴律师突然闯了进来，还穿着一件从 Izod 或者 Land's End 买来的红色羽绒夹克。他表扬我为了这个案子的成功所付出的辛勤汗水，并感谢我为客户提供了一个真正的、值得庆贺的互动机会。不过，要是我当场能给他提出一些坦率的着装建议就好了。当我们在冰天雪地里小心翼翼，但是心情愉快地走向聚会地点的时候，穿着 DB 大衣的英国或意大利范儿银行家，以及正装大衣的客户代表，甚至是那位穿着中性、不惹人讨厌的律师助理，他的着装是偏运动型的，穿着带木钩和麻圈的骆色粗呢外套，在这个场合下，他们的西服套装外面都套着大衣，而我那位在本案中投入了数月时间的同伴，看起来简直就是个冒牌专业人士。[10] 整理餐桌的时候，侍者甚至拒绝看他，大衣保管处的那个女孩也凶巴巴地接过他那件可怜的夹克（而这一切都发生在客户眼前）。当晚夜色阑珊、活力无限，然而一个原本为突出他和我们公司全体员工成就的大好时机就这样黯然失去了。那是一个

9　那是 1999 年，当时我还在为偿还学生贷款而攒钱，我做初级助理的工资也只能买一件黑色大衣了。当时我的女朋友是 L&T 的买家，为此我拿到了很大的折扣。尽管如此，我知道，仅这一件大衣也算是个大件了。

10　即使戴上纽约巨人队的针织帽子对他着装的改进也是于事无补啊！

悲伤的时刻，原本很容易避免。

品牌须知

J&J Crombie: 创立于 1805 年，这家英国公司生产多种款式的顶级外套，它们的产品是高端大衣（风衣）的同义词，以至于 Crombie 这个词有时被其他公司用来指自己生产的、与克罗姆比（Crombie）风格相似的大衣，最著名的四分之三（长度过膝）的（通常是羊毛材质）大衣（任何好的知识产权律师都会作出如此建议，为防止该商标词被滥用，J&J Crombie 公司已经采取多项法律措施，这一点早已在业界广为人知）。J&J Crombie 在苏格兰和英格兰的几家工厂的生产历史可以追溯到两个多世纪前，最初是在阿伯丁的科塔尔（Cothal）工厂，最著名的是 1859 年的格兰德霍尔姆工厂，也在阿伯丁。

Private White V.C.: 杰克·怀特 V.C.（Jack White V.C.），第一次世界大战期间曾经被授予维多利亚十字勋章，这是英国最高的军事荣誉勋章。他还在英格兰的曼彻斯特建立了一家服装厂，该工厂经久不衰，主营业务是男装生产，主要生产户外服装。这个服装系列巧妙地借鉴了"Jack"的军装生产经验，许多衣服都是基于经典的战时军装的制作工艺，并为现代消费者增加了各种功能和细节。

Mackintosh: 尽管风雨衣本身无处不在，20 世纪 90 年代中期，Mackintosh 品牌所有者，即"传统成衣公司"位于格拉斯哥附近的坎贝尔诺德工厂几乎濒于破产。在一次廉价的 MBO 收购中，管理层收购了该公司，并将传统的 Mackintosh 防雨风衣作为一个高端英国品牌的主打品牌。2007 年，Mackintosh 被东京的 Yagi Tsusho 收购。在母公司的支持下，Mackintosh 不断扩大其知名度和营销业务。

大衣的尺码需要适合你的运动外套或西服夹克，非常合身的那种。[11] 买一件宽松的大衣以确保和你的所有西服夹克相配，而且还能保证舒适合体。要找到修身剪裁，还能搭配较厚重外衣的大衣更具挑战性，但如能找到你看起来会更时尚。大衣的袖子需要充分覆盖外衣的袖子，当然，也要覆盖衬衣的袖口，最理想的是能够覆盖到袖口以下的地方。[12] 我见过有人不明白这一点，他们的大衣袖口短，因而露出了外衣的袖口（虽说外衣袖口的做工非常合适，但也露出了衬衣的袖口）。除非你戴着曲棍球手套，或者你打算把手放在口袋里，否则袖口的剪裁就很难处理，剪裁得不好，你的手腕就会很冷。[13]

大衣可以很长，甚至可延伸到裤腿的翻边处，这样的长度可以起到很好的御寒作用。较为典型的是过膝款式。和西服一样，高端品牌的大衣都有缝毛衬，而价位较低的则是粘合衬。手工缝制的毛衬无疑更经久耐用，而廉价的粘合衬很可能在几年后就会开胶，大衣会因此受损。

大衣风格多样，可供选择的样式很多，都与战争历史背景有关。很多大衣带有准军事功能的装饰，如肩章、防风口袋、袖带、枪皮瓣、外衣腰带和 D 形环。大衣的其他特点还包括巨大的领子，有时甚至使用黑色天鹅绒做领片、领口的风纪扣和背部防风片。除了长度之外，一个基本的风格选择是选单排扣还是双排扣。双排扣看上去更正式，更像军装；单排扣，当然不是很休闲的，可以更容易敞开穿，因此，对于职业人士来说应该更实用。虽说后来又有了一些设计经典的大（风）衣，但是职业人士必须拥有至少两件以上的大衣。如果他所住的地区或经常出差的地区天气

11　买大衣时，要穿外衣，因为大衣必须罩在外衣上穿。在试衣的时候，我没有遵守这个规则，因此不得不忍痛将那件可爱的大衣"隐藏"在衣橱里，因为它们和大部分的西服外衣不配，所以我只能偶尔穿。至少在我的公寓里，壁橱空间太珍贵，不能多次犯这个错误了。

12　大衣的袖子应该够覆盖到你的拇指底部，并次完全覆盖下面的袖子。

13　那样的话，也就没人会看到你的袖口了。

需要，他就应该多备几件。

马球大衣

马球大衣并不只有 Ralph Lauren 才能制作（尽管 Lauren 确实能做出很好的款式）。Lauren 的这款大衣是休闲设计，材质为羊毛，但总是有点让人联想到用骆驼毛制成的一件浴袍。[14] 实际上，马球大衣的最初设计的确是一件裹身的外套，没有扣子，只有一条皮带。它是非常具有学院风的。

不要把它和马球衫混为一谈，但是马球大衣的起源如出一辙。最初，马球运动员为了保暖，在比赛的间歇[15] 穿了一件类似的外套。在 20 世纪 20 年代，马球外套在常春藤盟校学生中大受欢迎，据我们所知，他们中的许多人毕业后成为职业人士，并带上了自己钟爱的马球服。

随着马球大衣的日益普及，其风格也有变化，例如，增加了一个带纽扣的风纪领，双排扣马球外套还增加了半节腰带、贴袋和倒挂领（又叫阿尔斯特大衣领）等现在最常见的外饰。但是你仍然可以找到单排扣的，老式带完整腰带的，或没有腰带更现代的，八个纽扣而不是六个，甚至还有尖顶翻领的马球大衣。

14　骆驼毛通常是天然的棕褐色，但偶尔也会有黑色、炭灰色或藏青色。

15　一场马球比赛可长达 1.5 小时，每 7 分钟为一个比赛时段，称为一回。在一场高级别的比赛中，一共分成六回。

Ralph Lauren: 该品牌始创于 1967 年，与美国生活方式密切相连，已成为真正的美国生活方式品牌。其产品线跨越服装、家居、配饰和香水等，男装产品一直是品牌的核心。不过他们的产品线或"标签"，往往显得有点乱。紫标系列是顶尖产品，也是最贵的，款式大多是经典风格的定制版，材质精良，做工优秀；而黑标系列是男装生产线上的最新潮产品，具有更为修身的"现代"剪裁和外形。Polo Ralph Lauren 是为年轻男性提供的副线产品。

Ermenegildo Zegna： 意大利男装品牌，创建于 1910 年，以优雅和精致的服装和配饰而闻名于世。从销售收入的角度看，Ermenegildo Zegna 堪称世界上最大的男装生产商，公司销售面料、西服成衣、领带和其他配件。他们不仅为自己的品牌生产西服，还为 Gucci、Yves Saint Laurent 和 Tom Ford 等奢侈品牌生产西服。它的外衣和大衣也是顶尖的设计和制作。这家意大利公司主要通过家族所有制保持其设计传统，目前由杰尼亚家族的第四代管理。

切斯特菲尔德大衣

切斯特菲尔德大衣是男装的标配，19 世纪中期就已经出现了。可以说，它是第一件真正套在量身定做的西服套装上穿的大衣，室外穿上，室内脱下，给这件大衣命名的不是别人，他就是切斯特菲尔德伯爵。[16] 菲利普·斯坦霍普（Philip Stanhope），切斯特菲尔德伯爵四世，据说他在 19 世纪初就穿了件具有此种功能的大衣，不过那还是早期款式，而真正在这款大衣上留下名字的还是他那个声名狼藉的孙子乔治·斯坦霍普（George Stanhope），即切斯特菲尔德伯爵六

----

16 在切斯特菲尔德大衣出现之前，大多数男人都是贴身穿着一件外套，相当于室内室外通吃的一件百搭外套。在那之前，当众脱下外衣，即使是在室内，也是一种失礼。

世。[17] 一般来说，切斯特菲尔德大衣多用典型的冷峻颜色，如黑色、灰色和藏青色，因此是一件非常多用途的外穿大衣，非常适合作为商务休闲以及正式活动的衣着。与许多受军服启发而来的外套不同，切斯特菲尔德大衣在前面没有腰围缝合线或缝褶；但是前边是单排扣遮片与暗扣（意思是纽扣被隐藏在大衣织物的延展遮片的背后），翻领有个小缺口，而且相当短。大衣的背面也同样简约，只有一片防风片，而无其他装饰。考虑到它悠久的历史，现在看上去依然现代性十足，令人惊讶不已。我第一次投资所买的大衣是一件 Ermenegildo Zegna 的藏青色羊绒切斯特菲尔德大衣，当时伯格多夫·古德曼（Bergdorf Goodman）商场正在打折促销。这件大衣非常耐穿，所以在第二年冬天到来之前，我又买了一件同款型黑色的，这次是全价买的（黑大衣有打过折吗？），这两件大衣陪伴我二十年了。如果你的衣着偏好倾向于简约主义，切斯特菲尔德大衣就是最好的选择。

潇洒、轻便的短大衣是切斯特菲尔德长款大衣的"时髦的表亲"。最初的设计基于相同的结构，但它是用独特的褐色—绿色布料制作，主要用途是狩猎和其他户外活动。[18] 在切斯特菲尔德长款大衣的基本设计基础上，短大衣在袖口和下摆褶边上还加缝了几行线。（有时还要在胸前带遮片的口袋上加缝线。）[19] 它还增加了一个中间口袋和一个所谓的暗兜，这是一个很大的口袋，职业人士可以用来装一台小型电脑或一份《华尔街日报》（而不是根据最初的设计所要承装的猎物——文明得多了）。

17　显然，菲利普祖父的影响经久不衰（博学大气、德高望重，给后世留下以下名言："任何值得做的事，都值得做好。""我建议你们善用分钟，这样小时自会善用自己。"）。虽说是个不错的长孙，但是很显然，乔治与那几个号称严肃风格的离经叛道者（其中包括德奥赛伯爵，啊哈，还有那个拜伦勋爵），他们听从了时尚先锋美男子布鲁梅尔关于着装的建议，将摄政时代烦琐的规矩抛在脑后，崇尚更简约的维多利亚风格。

18　这个名字显然是从"灌木丛"这个词派生出来的，意思是为狩猎提供掩护，即"可供隐藏的树丛"。传统上是一种厚重可达 30 盎司的布料，现在的用量通常是原来的一半厚重，除非它真的被用来穿过极其寒冷的灌木地带。

19　据说，这个特点是短外套起源于体育运动的历史证明，因为骑手比赛时大衣下摆可能被荆棘缠住，而一旦缠住，下摆的缝线可以防止斜纹布从大衣暴露在外的边角拉扯出来。不确定这多余的一针是否适用于出门打的、偶尔衣角卡在车门处的职业人士，但是这种做法看上去的确是动了脑子的，有特点。

战壕大衣（The Trench Coat）

很难想象哪件短大衣会比战壕大衣具有更多的核心功能了。今天，土黄色卡其布风衣无所不在，但是我们熟知的这件风衣却是托马斯·巴宝莉（Thomas Burberry）在 19 世纪 70 年代的发明。巴宝莉采用了斜纹防水布（一种结实的棉纱编织物）作为制作大衣的新材质，既轻便又透气，而且必要时还能防水（因为材料中的纤维一旦接触到水就会收缩）。第一次世界大战的战壕里，Burberry 标志性的铁洛肯（Tielocken）战壕大衣脱颖而出。铁洛肯战壕大衣有厚厚的 V 形领口，配置有腰带，英国陆军元帅、勇敢的基奇纳勋爵（Lord Kitchener）就曾身着战壕大衣参战。[20] 随着该品牌与军队关系的不断密切，它的功能部件也随之增加，包括 D 形环[21]、右肩上的枪襟翼[22]、套袖[23]、袖带[24]、肩襻[25] 和双排扣 5x2 扣式姿态，有了这些就可以进入战斗状态了。不过现在常见的格子衬里就不那么像军装了[26]，尽管看起来确实很漂亮。

在许多气候条件下，风衣是一种可穿三季的大衣，因为它的透气性好，所以足以在温暖潮湿的日子里穿。由于里边可以添夹层（如果没有合适的羊毛大衣），因此在冬天也可以穿。[27] 显然，在寒冷的阴雨天，风衣应该是职业人士的首选，因为要使你看上去既像一个能干和优雅的职业人士，又像一台赚钱的机器，其他的衣服都不成。战壕大衣适合旅行穿，如果旅行后及时挂好也不会有褶皱。

---

20 因英国战争宣传海报"你的国家需要你！"而出名，基奇纳是英军历史上的传奇人物，他的军事生涯跨越多个大陆（包括大英帝国的顶峰时期），他那令人惊讶的八字胡须也是传奇的一部分。

21 你可以把手榴弹贴在上面。真的。

22 以帮助吸收步枪的后坐力，如果你是右手射击的话。对我们左撇子来说，除非我们定制自己的枪械，否则只能顾影自怜了。

23 套袖可以直接延伸到衣领，便于迅速穿上大衣。

24 防止雨水进入袖管或士兵受伤后勒紧手腕上的动脉起止血的作用。

25 可以挂贝雷帽、手套，或者如果你真的在战壕里，还可以作为你的防毒面具。

26 作为 Burberry 的注册商标，从围巾到手提包，再到内衣，棕色、黑色、白色和红色的格子都会出现在每件东西上。但大多数风衣都采用这种棕、黑、白、红的排列方式。如果不是相同（甚至类似的）格子的话，厂家就会收到停工的通知。

27 许多战壕风衣都配有可拆的衬里。

The Laws of Style: Sartorial Excellence for the Professional Gentleman

因此，必须置备一件好风衣，最先购买的衣服中就该包括一件风衣。

品牌须知

Burberry：英国时装公司，成立于 1856 年。Burberry 以其著名的战壕大衣闻名于世界，第一次世界大战中，英军士兵曾经穿着它坚守在战壕中。在此之后的几十年中，Burberry 已经成为英国文化的一部分，女王伊丽莎白二世和威尔士亲王授予该公司皇家生产许可证。其主要时装屋专注于生产和销售成衣、配饰，甚至香水、太阳镜和化妆品。Burberry 独特的格子图案已成为获得消费者最广泛认可的商标之一。

Baracuta：英国品牌，创始于 1937 年，创意来自约翰·米勒（John Miller）和艾萨克·米勒（Isaac Miller）兄弟俩，二位是来自曼彻斯特的雨具设计师。在此之前，米勒兄弟是出色的高尔夫球手，曾在标志性的哈林顿（Harrington）短夹克的设计工作中起了重要的作用，其中包括倾斜的贴式袋盖（这种带翻盖的口袋是携带高尔夫球的最理想设计）；以及有松紧带的腰部和手腕处可以自由挥动手臂的设计。Baracuta 还生产时尚的战壕大衣，价位合理。

Herno：意大利品牌，创建于 1948 年，在马吉奥尔湖（Maggiore）畔的莱萨 (Lesa)，由朱塞佩·马伦齐（Giuseppe Marenzi）和妻子阿莱桑德拉·戴安娜（Alessandra Diana）共同创建。雨衣是 Herno 产品线的主打，它也生产羊绒外套，重点是双面的针织产品。战壕大衣、户外运动外套和 Car Coats 等都做工精良。

帕莱托大衣与警卫大衣（The Paletot Coat and the Guards Coat）

帕莱托大衣是一款法式大衣，其特点是大而宽的领子外加大翻领，双排扣，收身，非常接近军服的剪裁方式；另外，它还有带兜盖后袋（hip pockets，位于身体两侧的髋部位置）和敞口的胸衣口袋。警卫大衣与帕莱托大衣相似，但它的口袋往往是带兜盖的，腰带是半截的，缝在大衣的后背上。这两款大衣要么是藏青色，要么是中灰色，穿上后英俊潇洒，是职业人士的最佳伴侣，特别适合那些喜欢修身版型西服的男士。

阿尔斯特大衣（The Ulster Coat）

阿尔斯特大衣是典型的多尼盖尔粗花呢大衣，那种大、长、双排扣的大衣，有时，在旧款中有盖过袖子的披风，甚至还有防风帽[28]（虽然这些特点在维多利亚时代更受欢迎，事实上，阿尔斯特大衣的起源就是维多利亚时代，而非今天）。为保留其乡村绅士的起源，阿尔斯特大衣有贴袋，并在袖口和下摆加了锁边。它的 V 形翻领角度大，如果扣子全部系上，领口就可闭合。它的最后一种功能性特点是阿尔斯特大衣的背部还有腰带，并有可调节松紧的纽扣，这样就可以在腰围处调节松紧了。

选择穿阿尔斯特大衣的职业人士最好里边穿着也乡绅范儿，即穿花呢和粗羊毛的西服，因为如果里边穿着正式的商务套装，就真会让你看起来有点不合时宜了。

海军呢短大衣与牛角大衣（The Pea Coat and the Duffle Coat）

这两种短大衣属于非常休闲的款式，适合职业人士在非工作日的闲暇之时穿，主要是它们的长度缩短了，会让人看上去穿着更加随意休闲。

海军呢短大衣（Pea coat）最初是由水手发明的，缘起是他们需要把腿露出

---

28 戴着防风帽的那一款常常与英国作家阿瑟·柯南·道尔爵士（Sir Arthur Conan Doyle）笔下的著名侦探人物夏洛克·福尔摩斯 (Sherlock Holmes) 联系在一起。

来，以便能够更加灵活地在帆船的索具上爬上爬下。大衣下摆的长度及臀，正面双排扣，由厚重的麦尔登呢羊毛（melton wool）材质制成，其特点是大外翻领和宽大的领子，这个领子可竖起，以突出时尚的魅力和惹人的存在感（也更加保暖）。插兜的位置较高，位于胸部以下、腰线以上，方便温暖经常外露的双手。海军呢大衣的最佳颜色是藏青色、黑色和深蓝色等等。

牛角大衣是另一款有军史背景的非正式短大衣。据说，这款短大衣最初是用原产于比利时小镇杜夫福（Duffle）[29] 的粗呢面料所做。19 世纪 20 年代，波兰军方推出了一款双排扣大衣，但后来被英国人采用，第二次世界大战期间深得英军军官的钟爱。这种粗呢外套的特点包括：特大防风帽（尺寸大小可以罩在帽子上戴）、V 形开领（类似足球运动衫的 V 形领子），以及棒形纽扣锁口（纽扣的材质有的是用木头做的，或者是其他更时尚的版本，包括用麻绳加动物角或皮革圈做的）。最后缝上贴袋，一件短大衣的制作就完成了，即现在牛角大衣用麦尔登呢羊毛制作，通常情况下比海军呢大衣要轻便得多。如改用骆驼毛为材质，做出的大衣则是非常棒的休闲着装选择，并有多种多样的颜色选择。

品牌须知

———

Moncler：一家意大利短款大衣制造商，由雷内·拉米隆 (René Ramillon) 创建于 1952 年，最著名的产品是羽绒服和运动服。Moncler 的名字来源于格勒诺布尔（Grenoble）附近的高山小镇 Monestier-de Clermont 的缩写。2003 年，该品牌被意大利企业家雷莫·鲁菲尼 (Remo Ruffini) 收购。Moncler 的旗舰店设在巴黎的福堡大道。Moncler 是职业人士理想的休闲装扮。

29　Duffle 包原本就是用同样的黑色粗呢材质制成的。

英式保暖大衣

英式保暖大衣又称英式厚冬大衣，一般是双排扣，由 100% 麦尔登呢羊毛制成，通常是灰褐色。1914 年左右，英式保暖大衣首次作为英军军官的军服问世，但是，令其闻名遐迩者乃是大名鼎鼎的温斯顿·丘吉尔。英式保暖大衣应该有很高的外翻领和皮制的纽扣，此外，为了传承其军服的传统，还保留了肩章。有时也会自带腰带，下摆垂及膝盖以上，此款大衣为职业人士的衣柜增色不少。

牢记那句罗马法格言："不知法律不免责。"

14

更多配饰：腕表与首饰

"男人很像一块日内瓦手表，有着晶莹剔透的表蒙，
但却暴露了他们的内心活动。"
—— 拉尔夫·沃尔多·爱默生[1]

大多数职业人士都有先天的避险天资，而配饰的选择往往会反映他们的这种倾向。因此，就首饰而言，大多数职业人士只会戴一块手表，如果是已婚人士的话还会戴上婚戒。然而，假如你整体服饰偏保守，却随意佩戴风格大胆的配饰，就有可能增添风险。不过，在安全系数有保障的前提下，我鼓励大家大胆尝试，特别是使用小件配饰的时候，情况尤其如此。

我曾经和一位税务专家合作过，他曾是一家大型跨国公司的高级合伙人，权当他叫罗伯特·普莱斯三世（Robert Price III）吧。他曾经在马甲口袋里挂一枚带流苏的小勋章，并拴在链子上，看上去就像一块怀表。虽说现在看上去有

1　爱默生，美国诗人，生于 1803 年，个人主义的倡导者，19 世纪中叶美国超验主义运动的先驱性人物。

点稀奇古怪，不过当时也算是出奇制胜的"神"搭配了。据说那枚勋章是第一次世界大战后颁发给罗伯特·普莱斯二世的奖章。每当陷入对税法的深思时，罗伯特就会若有所思地望向窗外，抚摸流苏（我承认，这有点令人不快）。

然而，在某种程度上，我也充分利用过这种对神秘和不同寻常配饰的偏爱。我有一个银制的钥匙链，其形状神秘，有点像手的骨骼（请注意我的姓氏发音，与手的发音一样），戴在身上时那几个"指头"会伸出我的裤兜，把"哥特"般恐怖的手指暴露在光天化日之下。现在我才意识到，像我的钥匙链那样的怪异首饰，佩戴在律师制服外面的确与律师形象不符。但是，那些对我来说至关重要的人（不仅在法律行业，而且在时尚行业的人）都对我的这个小配饰作了评价，他们的用词从"非常有趣"到"非常古怪"，可谓不一而足。但是听我说，在实际工作中，这件小饰件还是很实用的。[2]

当然，还可以随身携带其他有用的小物件，即使不是随时随地的那种。在那些总是感觉有必要常备不懈（或痴迷于随身配备小物件）的人中，每天必带物件（英语缩写为"EDC"）已经相当普遍。[3] 打火机、止血带、小型大功率手电筒、瑞士军刀或其他多用途工具都很容易随身携带，成为你的护身符，给你壮胆，让你常备不懈。这些饰品表明你是个常备不懈的律师，客户就喜欢这样的职业人士。

一支老式钢笔从胸衣口袋里露出头来怎么办？没问题。但是，如果它背后能有一个可信的故事就更好了，比如"我祖父用这支笔参加了律考"，或者"我用这支笔签了我的结婚证"等等。钢笔可以说是最优雅的书写工具了，既大方又具有一种怀旧感，Montblanc、Visconti 和 S. T. Dupont 的钢笔都是笔中极品。

2　手形钥匙链不仅能防止钥匙在我的裤兜底部"扎堆儿"（帮我保持裤线笔直），还能帮我更加方便地抓到我要找的那把钥匙（特别是在我急着找到那些锁在抽屉里的文件的时候）。

3　参见拉菲尔·克罗-扎伊迪，（Rafil Kroll-Zaidi）《常备不懈的政治》，《纽约时报》，2016 年 3 月 6 日。

The Laws of Style: Sartorial Excellence for the Professional Gentleman

但它们有点太高大上，用起来也不太方便，对于大多数职业人士来说，圆珠笔是更好的选择。因为它们通常是手工制作的，材质大多来自珍贵的树脂、铂、铑、银，甚至黄金之类的高质量材料。一支好的圆珠笔（你也可以把它当作配饰）要值几百美元，但也有价值连城或价值成千上万美元的限量版。

品牌须知

Montblanc：1906 年，一位德国银行家和工程师认识到市场上需要为职业人士精心制作一款钢笔。从那时起，该品牌一直致力于生产高质量和精心制作的钢笔。1913 年，Montblanc 的白星标志成为其品牌标志，并沿用至今。在 20 世纪 20 年代中期，Montblanc 开始生产小型豪华皮具，1996 年进入珠宝和手表市场。该品牌的理念是传统、优雅，善于讲优雅故事，注重传承。

Visconti：1988 年，Visconti 成立于意大利佛罗伦萨。其工艺体现了激情、艺术和技术。Visconti 笔夹的灵感来自佛罗伦萨的威奇奥桥（Ponte Vecchio Bridge）。该品牌拥有浓厚的意大利文化积淀，积极支持文化事业发展，坚信旗下的钢笔、圆珠笔等是连接心灵与和纸张的桥梁。Visconti 也是旅行墨水瓶的发明厂家，该发明使添加墨水更简单、更快捷。

S.T. Dupont: 1872 年在巴黎成立。该品牌的目标是创造经得起时间考验的产品。S.T. Dupont 的产品一直受世界领导人、电影明星和艺术家等的青睐。杰基·肯尼迪·奥纳西斯（Jackie Kennedy Onassis）是 S.T. Dupont 第一支豪华圆珠笔的灵感来源，她曾经要求公司给她制作一支与她个性和打火机匹配的豪华圆珠笔。该品牌相信美好生活的艺术在于使用经久不衰的高质量产品。

Pelikan：19 世纪 30 年代初，德国汉诺威的一位化学家创建了自己的颜料和油墨工厂。1838 年，Pelikan 首次面世并开始产品销售。该公司使用鹈鹕鸟做企业标识，1878 年，该标识成为在德国注册的第一批德国商标之一；后来得知使用鹈鹕鸟做企业标识是因为它是该化学家家族徽记的一部分。多年来，该品牌不断拓展业务，销售许多不同的产品，并在世界各地广泛销售。迄今为止，Pelikan 仍然致力于开发能够满足客户需求的产品。

Graf von Faber-Castell：Graf von Faber-Castell 创始于 1761 年的德国，当时 Graf von Faber-Castell 刚刚开始生产铅笔，并于 1993 年推出其奢侈品牌，生产铅笔、钢笔和精选的配饰，所有这些都用高端材料制作。自 2003 年以来，该品牌一直以其奢华的年度最佳钢笔闻名于世，并通过使用优质木材和贵金属，继续开发制造独特的文具产品系列。

Parker：美国 Parker 钢笔公司成立于 1888 年，创立伊始便致力于制造一支不漏墨水的钢笔。Parker 曾经荣获"幸运曲线"吸水钢笔的专利，也就是说当钢笔不使用的时候，这种笔会自动把多余的墨水吸回笔芯。基于这一创新动力，公司一直致力于利用新技术改进其产品。

Lamy: 1930 年在德国海德堡成立。标志性的 Lamy 设计始于 1966 年，名为 Lamy 2000。Lamy 还发明了"双笔尖"，这种笔可以通过旋转推进变成一支铅笔。Lamy 产品体现了德国设计和工程理念，即使用功能大于外观。

Waterman：理想的钢笔公司（现在称为 Waterman Paris)，1883 年在法国创建。其后 Waterman 在美国纽约市为他的第一支"可靠的"自来水钢笔申请了专利，并命名为"Regular"。该品牌继续从巴黎的文化底蕴中汲取灵感，并以创造高质量和个性化的独特钢笔设计而自豪。

Pilot：Pilot 是一家日本钢笔公司，总部设在东京，成立于 1918 年。该公司于 20 世纪 20 年代末业务拓展至全球范围。Pilot 仍然是日本历史最悠久、规模最大的书写工具制造商。通过提供一系列的书写产品，该品牌一直致力于使写作成为其客户的乐趣，以满足不同书写的需求。

Cross：Cross 成立于 1846 年，公司总部位于罗德岛的普罗维登斯市（Providence）。20 世纪 40 年代，Cross 因其定制的个性化服务而闻名。该品牌由艺术家和珠宝制造商创建，一直致力于设计的精美和高雅。比尔·克林顿总统主政白宫期间，Cross"涛声"系列（Town Send）白金钢笔成为美国总统的官方用笔，并成立了"Cross-White 计划"。

那么，这里有界限吗？当然有。类似于"图案法则"，我不主张有多个令人炫目的配饰。更重要的是，虽说我永远不会把配饰当成什么大不了的事情，但是我也会鼓励你让它发挥一些实际的功效，即使是一种可改进的方式，或者在你与这个配饰之间建立起一种个性化关联。但是在此合理范围内，我认为你仍然可以表现出一些真正的个性。此处有法则一条：

法则 50

职业人士不应同时佩戴多个炫目的配饰，
或者同时携带多个"每天必戴配饰"（EDC）。
上述配饰应该：①与本人有个性化的关联；
②严格来说，它应是个有使用价值的工具。

腕表与我

当然，除结婚戒指之外，腕表是迄今为止最能令人接受的男性首饰，职业人士尽可以佩戴。对大多数人来说，手腕上没有手表就会显得非常不入流。我之所以知道这一点，是因为作为一名左撇子，我的手表（不像大多数人）戴在我的左手腕上。我看到不止一个人盯着我的右手腕，为没看到手表而迷惑不解。其中部分原因是许多职业人士，事实上，也包括很多普通人，都是通过看腕表的品质来衡量你的富裕程度。我不想让你掉进这个陷阱，但我希望你认识到它的重要性，并注意它对着装法则的影响，尤其是富裕的天花板。

买只好表是一种投资，某些品牌的手表似乎意味着有资格加入一个有品位的俱乐部。[4] 不管你对这个问题是什么看法，一只合适的腕表就是地位与权力的象征，这几乎是普世的指标。诚然，你所戴的腕表历史悠久，是专门用于报时的工具，其责任重大，有着深刻的意义。有些人甚至认为，戴表就是对时间本身的一种尊重:对我们这些以小时计时收费的人来说，也是一种我们共享的情怀。

品牌须知

Longines：瑞士最古老的腕表制造公司之一，这个品牌由奥古斯特·阿加西（Auguste Agassiz）于 1832 年创立，目前为斯沃琪集团（Swatch Group）旗下一员。它的飞翼沙漏标志是腕表制造商最古老的专利注册商标。它以经典的优雅和精湛的制作工艺闻名，其价位低于 Rolex、Omega 以及同类腕表，是职业人士入门腕表的最佳选择。

---

4 的确，钟表收藏，即钟表学，如果可以的话，我们就给它起个恰当的名字。

> Timex：品牌在 1950 年首次亮相，开启了优质腕表的量产时代。他们的创新精神使第一款运动手表铁人系列（Timex Ironman）和 Indiglo 系列夜光腕表得以面市，让人们可以在完全的黑暗环境下查看时间。时至今日，Timex 生产多款腕表，从正装腕表到休闲手表，再到运动手表，满足了男女老少不同消费者群体对不同价位产品的各种需求。该品牌的目标是生产质量可靠、经久耐用、简约与时尚并重的腕表，同时还能保持其配件的适中价格。

是什么让手表滴答作响的呢？手表内部驱动它的机制被称为机芯。现代腕表有两种类型的机芯，第一类是石英机芯，它利用一个振荡器，由一块石英调节，用电池供电。石英机芯造价低廉，而且确实是最精准的。第二类是机械机芯，对于大多数职业人士来说，这是为其"贴身"腕表提供动能的唯一可接受的方式。机械手表需要为主发条的弹簧线圈上铉，弹簧反过来为手表提供动力。主发条可以手动上铉，比如，Omega 的超霸系列（Omega Speedmaster），也可以使用"甩"腕的动作为其上铉，即所谓的"自动上铉"。[5] 几个大品牌腕表制造商都是自己生产机芯，当然，手工制作手表过程漫长，外加无穷尽的测试流程，是制表工程技术和工艺技术领域内的真正翘楚。[6]

喜欢腕表的行业大咖们对机械表喜爱有加，让我们面对它吧，腕表即是珠宝，在此情形下，它不只能报时，还能告诉我们它是如何报时的。关键是这个过程，就是在这个过程之中深藏着绝顶的工艺与惊人的细节。例如 1969 年的法拉利·迪诺（Ferrari Dino）系列不会像全新的雪佛兰马里布系列（Chevrolet Malibu）那样安全、可靠、舒适，你依然会在迪诺系列中的 A 到 B 车型中看到更为多样的风格变化。遵循着装法则的职业人士要了解其中的差别。

5　记住，如果机械表摘下不用，它会最终停止走时。很多机械表可以持续工作 36 到 48 小时才需重新上铉，有些品牌的手表甚至可以连续 5 天不用上铉。

6　其他腕表公司购买了来自专业制造商的现成的机芯，并把这些机芯用在不同价位，但却适中的机械表中。

在预算允许的范围内，职业人士应购买一块
他可以引以为傲的机械腕表。

腕表的款式差别很大，我鼓励大家在预算允许的条件下收集一批不错的名贵腕表。极简式腕表在本质和设计上都很简约大方，是人见人爱的收藏佳品，其中原因在于价格适中，多数人买得起。在外形设计上，由于参考了包豪斯的极简设计，这些腕表通常是石英机芯的。它们的表盘上通常没有数字，只有简单的时间刻度点。穿着更现代的西服和休闲装再佩戴这样的腕表真是绝配。

品牌须知

Larsson & Jennings: 一款全新的瑞士制造的小众品牌腕表，价格适中，以简约的设计美学思路和垂直集成的商业计划吸引消费受众。对于刚刚入行、手头紧张的新手来说，其外观绝对无懈可击。信息披露：HBA 是 Larsson & Jennings 的法律代理。

Mondaine： 瑞士腕表品牌，一直受到铁路时钟的简约设计与精准报时标准的影响。其产品系列为职业人士提供了多种选择；其中最好的是 Mondaine Helvetica 智能手表，具有极简主义的设计外加点搞怪元素。Mondaine 手表价格合理，大家都买得起。

> **IWC：**万国表 (International Watch Co.，IWC)，成立于 1868 年，是一家瑞士奢侈腕表制造商。该公司设在沙夫豪森（IWC Schaffhausen）的腕表工厂，是瑞士唯一一家位于东部的大型手表生产工厂，因为大多数瑞士著名手表制造商都把总部设在瑞士西部。毫不奇怪，IWC 的通用语是德语，价格不菲[7]。

好吧，先生们，那就启动你们的引擎吧。体育手表是最受大众欢迎的，分为三种类型：赛车手表、飞行员手表和潜水手表。每一项"运动"都有一种男子气概与技术元素的联想，这对手表制造商来说简直完美：他们可以展示那些通常毫无用处，但却令人兴奋不已的新技术和工艺元素。赛车（或驾驶员用）手表会有表冠，是个计时按钮，它缘自赛车的秒表计时功能。飞行员手表看上去很相似，但是有更多的功能。飞行员手表实现了大量与时间相关的信息，在电子导航成为现实之前，这些信息对飞行员来说是必不可少的。大多数飞行员手表都有一个黑色的表盘，上面有发光的数字和刻度盘，飞行员可以在黑暗中读表。潜水手表还具有发光的刻度盘和指针，以及一个单向旋转的表圈。这个装置附着在表壳上面，可以用来告诉潜水员他还可以在水下潜水多久，即呼吸多久。所有的运动手表构造坚固，通常是用金属制成的，可以是钢制的，也可以是贵金属制的。运动表的起源大都是男性对刚毅坚强的追求，运动手表看起来的确大气，但显然没有正装腕表那么正式。

品牌须知

Omega:1848 年由路易斯·勃兰特（Louis Brandt）创立，总部设在瑞士贝尔。Omega 与飞行员有长期的合作关系，其中包括 1917 年英国皇家飞行部队选

---

7 此处原文为德语：sehr teuer。

择 Omega 手表作为作战装备（一年后美国军队也是如此）。美国国家航空航天局（NASA）为宇航员选择了 Omega 超霸专业腕表，用于第一次登月任务和所有后续的阿波罗任务。从 1995 年开始，该品牌与 007 系列大片建立合作联系，首先是皮尔斯·布罗斯南（Pierce Brosnan）主演的邦德电影，现在是丹尼尔·克雷格（Daniel Craig）主演的邦德电影，007 已经佩戴了 Omega 海马系列的几款腕表。

Breitling：瑞士名牌腕表，是航空飞行人员的不二之选（该品牌赞助了一支由飞行员组成的特技表演大队，即"喷气飞机大队"）。自 1884 年以来，Breitling 一直在航空腕表的技术发展中发挥关键作用，所有型号都是经过认证的精密计时器，是典型的外观粗犷大气的腕表。他们现在与宾利汽车制造厂商合作（宾利超级跑车 B55），对我来说，它已经是重口味了。但是 Breitling 依旧引人注目，而且由于超高的价位，许多人趋之若鹜。

Tudor：名牌腕表 Rolex 家族的一个子品牌，一个低价的副牌，过去常被势利小人与"怂货"看作是 Rolex"丑陋的继子"。事实上，瑞士蒙氏都铎 (Montres Tudor SA) 公司自 1946 年以来一直在设计、制造和销售 Tudor 腕表。然而，自 2015 年以来，Tudor 已开始制造安装自主生产的机芯的腕表。Tudor 于 2004 年停止了该品牌腕表在美国的销售，但在 2013 年又恢复了销售。

正装腕表看着最像首饰，因此最有可能用贵金属制成。这种钟表往往设计简约，一只典型的正装腕表表盘光洁，只可有罗马数字，缺少炫目的高科技成分。在大多数情况下，正装腕表只有一只皮表带，表壳外形干净利索，更适合带袖扣的袖口。注意，如果你想要表带与衬衣袖口匹配，应该考虑黑色和棕色可拆卸的表带。许多职业人士认为这给他们提供了一个方便的借口，即再买一只（相同品牌的）腕表，这样他们就不用更换表带了。

品牌须知

Patek Phillipe: 瑞士手表制造商，成立于 1851 年，设计和制造钟表和机芯，包括一些最复杂的机械腕表，被许多专家和腕表鉴赏家认为是最有声望的腕表制造商之一。如果买得起，认表不认人的那帮家伙肯定会注意到你手腕上这价值连城的首饰。它是你明年的小目标了。

Blancpain: 自 1735 年以来，Blancpain 一直在为机械制表的发展作出贡献，同时也保留了其创始人的传统制表工艺，成为目前世界上最古老的钟表品牌。为了克服工业化大生产带来的价格压力，朱尔斯 - 米尔·宝珀 (Jules-Emile Blancpain) 产生了专门从事高端腕表生产的想法。到目前为止，Blancpain 每天生产的腕表还不到 30 块，每只手表的生产都能做到由一家手表制造商独自完成。

A. Lange & Söhne: 德国腕表品牌，创立于 1845 年，生产高品质的正装腕表，其生产的顶级产品得到 "1A" 称号。机械机芯、独特的不对称表面布局、华丽的造型，都助推了它的高价位。

　　混搭并匹配表带的颜色，有时会增加表带与袖口色彩的搭配可能性。当然，虽说可以找到额外的金属和皮革表带，但更换表带通常还是挺费劲的。[8] 各种帆布 NATO 表带很容易更换，各种彩色条纹的表带可展现一种季节性的变化。

袖扣

　　袖扣是职业人士另一个明显的配饰选择。不过，请注意，由于是与法式袖

8　这可能是一个非常耗时费力的过程，因为早晨你还要花费宝贵的时间梳洗着装。此外，经常更换表带，时间长了，也会对表壳、表蒙（又称表镜）等造成损坏。

口的衬衣（而且还总是要打领带）搭配佩戴，这样的着装本身就带有内在的等级和形式的暗示。袖扣是权力的象征，如果你在律所里还是个初出茅庐的小角色，那就要低调行事，注意着装规则。无论你的地位如何，都要避免大袖扣（再大也不要大过美元里的五分镍币）、带有令人生厌图案的袖扣（例如美元符号、头骨和十字骨等）和过于张扬的袖扣（例如鲨鱼、正义的天平等）。另外，不要把戴袖扣的衬衣与休闲商务外套、较为休闲的西服，或者 odd 夹克搭配穿戴。袖扣和法国袖口衬衣可能与这些休闲服是风马牛不相及的。除此之外，职业人士当然可以天马行空，通过这些小配饰获得一定程度的自我表达。

我最喜欢的袖扣是颜色柔和的丝绸结（不是那种特刺眼的），物美价廉，易于储存。丝绸结有各种各样的颜色，可以和衬衣、领带或手帕上的颜色主题遥相呼应。

品牌须知

———

Codis Maya: 英国品牌，所生产的袖扣低调优雅，专为谨慎、个性含蓄的职业人士设计。Codis Maya 采取几何或花卉形式的图案设计，其表面光泽因采用了色彩丰富的搪瓷工艺而得到加强，可谓独特和终极的设计。

Deakin & Francis: 对于怀念自己儿时玩具的职业人士来说，这个传说中的英国品牌就像圣诞节的早晨。高度原创的设计，如飞机、汽车和狗等造型的袖扣，都是精心制作并完美交付客户的。作为英国最古老的家族珠宝商，Deakin & Francis 自 1786 年以来一直在制造豪华版的衬衣袖扣。

Udeshi：这个品牌成立于 1999 年，体现了其创始人奥斯卡·乌德希 (Oscar Udeshi) 高水准和细致周到的设计。2008 年，乌德希当选英国男装协会主席，成为史上最年轻的主席。珍珠母制作的袖扣通过含蓄、自然组合搭配，成为脑力工作者的最佳伴侣。

> Jan Leslie: 同名的美国品牌，该品牌的创始人曾经是前"八大"会计师事务所的咨询顾问。她以潇洒自如的手绘搪瓷和数量惊人的半宝石收藏闻名，外加令人激动的设计吸引了合伙人或高级总裁之类的人群，他们从不畏惧自己手腕上佩戴的"垄断"（Monopoly）游戏棋子造型的袖扣。

金属袖扣看上去也可以是不落俗套的，但是除非着装的其他部分可以与亮闪闪的金银配饰和谐相处，否则还请使用更加柔和的色调为好，青铜和黄铜都很合适。请避免使用宝石之类的袖扣，那会让你看起来像个拳击赛的推销员，而不是职业人士。戴金属袖扣时，尽量与身上其他的金属配饰搭配。所以，除非你有一件配饰同时含有金、银两种金属，否则千万不要戴银袖扣时穿一件带铜纽扣的蓝色上衣，或扎一条带金色扣板的皮带。金、银袖扣的存放和保养会是件很麻烦的事情，因为它们需要经常擦拭清洗。但如果你喜欢，则另当别论，因为你可能会觉得这是令人惬意的业余消遣。为了这个目的，请把你的袖扣放在带有海绵的盒子里，金、银属于贵重金属，随时可能会被剐蹭，不小心掉在碗里或扔到烟灰缸里也会伤及外观。恰当的存放方法是放在有海绵的盒子里，并分开存放。

其他的首饰

戴在男人身上的首饰可能会令人烦恼，戴在职业人士的身上则会更加令人不安。像"珠宝"这样的词在我的风格时尚词典里是不存在的。只有在得体和适度的情况下佩戴首饰才是合适的。让我们把它作为一项法则固定下来，职业人士身着商务正装时身上佩戴的首饰不得超过三件。这其中应包括一只手表和（或）一对袖扣。

那么，让我们来细化一下哪些首饰是可以接受的。

戒指很明显，会引起人们的注意。它戴在手上，大多数人都会看到，因为除了看脸之外，这是人们最可能看到的你的身体一部分。除非你像佛罗多（Frodo）一样，把"统治天下的唯一戒指"镶在金链子上，并戴在自己的脖子上，否则戒指是不会半遮半掩，藏在你的衬衣下面的。如果满手都戴戒指，此人看起来就会像某个犯罪团伙。当然，结婚戒指是完全可以接受的。这表明你是个严肃的人。你已经对你的另一半做出了承诺，一个具有法律约束力的承诺。这是成熟和人品保证的标志，也是为职业人士展示的正能量。此外，如果你不戴结婚戒指，你的配偶可能会觉得你对他 / 她不忠，因此最好还是戴上婚戒。[9] 一个班级纪念戒指，好吧。……好吧，如果必须戴的话。但老实说，在我看来，还是有点别扭。你是职业人士，看在上帝的分上，大家都知道你上过大学，还读过研究生。戴上一枚学校的戒指，显得这事既没有必要，也用力过猛。所以，还是别把自己搞得那么业余。任何其他戒指都是不可取的，除非是唯一能够证明你是合法的体育冠军的戒指，如全美大学生橄榄球比赛（Collegiate Bowl，又叫大学碗）中获得的冠军戒指，而不是自己校内垒球队员都能佩戴的戒指。[10]

品牌须知

Miansai：迈克尔·赛格 (Michael Saiger) 创立，2008 年开始生产自己的产

9　幸福的妻子意味着幸福的生活。
10　即使如此，我还是不建议戴比太阳碗甚至棉花碗威望更低一个层次的戒指。

品，其手链艺术范儿十足，非常内敛。早期作品之一包括一只用多条皮绳编织的手带，锁扣处设计的是一个简约的鱼钩状钩子，鱼钩成为该品牌的标志。该品牌使用意大利皮革，美国精心制作工艺，贵金属和定制的船用级绳线，Miansai 的设计将普通的原料提升为适合职业人士的终极配饰。

Paolo Penko：保罗·彭科（Paolo Penko）是意大利金匠大师、设计师和雕塑家，同名产品均出自他的意大利工作室，完全是手工制作，创造了独一无二的珠宝作品。彭科的灵感来自佛罗伦萨大师作品中所描绘的珠宝商，而他作品的精湛工艺让人想起了在城市建筑中发现的金库、螺旋形尖塔、浮雕、几何造型和各种镶嵌图案。彭科的创作方法来源于佛罗伦萨金匠的传统，如磨砂和雕刻。他曾和教皇合作过，是的，就是教皇大人。的确是神圣的作品。

Viola Milano：以生产宝石手串闻名，它与运动手表完美搭配。Viola Milano 也制作了一系列被精心收藏的产品和印花领带。Viola Milano 是意大利品牌中的 C 位产品，因此价位很高，但它肯定是卓尔不群的。

　　手镯或手链？当然，很好，但要戴上几件就要小心了，因为这是时尚的危险地带和滑坡的高发区。内敛、含蓄是上上策；因此，任何被称为珠宝的东西都不应该戴在手上，这一点即使是 85 岁的圣公会牧师也不会回避。也就是说，"野蛮人柯南"早期青睐的皮手铐不能戴；一个硕大无比、告知你身份的金手镯不能戴。而轻巧的编织皮革手链或低调的 ID 手镯是最好的配饰，可戴。

　　项链能戴吗？如果藏在衣领内，别让人看见还是可以的。许多男性因宗教原因佩戴吊坠，对此，我说："上帝保佑。"或者，如果最近刚服完兵役，你还戴着自己的军人身份识别牌，这样看起来也无可厚非，并且还会给你增加一份自信，很少有职业人士可以做到这一点。不过，我不确定其他人还有多少选择，但是我可怜那些对此规则无动于衷的傻瓜们。[11]

品牌须知

Le Gramme：阿德里安·梅西（Adrien Messié）和尔弯·鲁尔（Erwan Le Louër）创立的法国珠宝品牌，生产的每一件产品都简约且具有强烈的环保意识。这个品牌曾经使用再生 925 白银，生产极其简约风格的手镯，为此而获得美誉。延续简约大气的风格，该品牌目前还使用纯金生产、手工抛光的手镯系列。这款首饰是落单的独狼，不会与你衣柜里的任何物件"争宠"。对于那些不知能否摘下珠宝的职业人士来说，这个品牌的首饰是个很好的开始。

Alexander McQueen：对于你们这些地下或希望公开的 Joy Division 乐队或包豪斯的粉丝来说，Alexander McQueen 的男式珠宝可谓是对哥特文化的认同，当然他的作品是含蓄的，制作是精良的。作为一家万人瞩目的时装公司，他们制作的骷髅头手镯，低调不奢华，戴着它你心无旁骛、无怨无悔，因为它胜过任何一件你能在文艺复兴博览会上可能找到的替代品。如果你再次无法控制自己的购买欲的话，那它的价格就是合理的。[12]

Luis Morais: 巴西珠宝商，成立于 2001 年，因其时尚的男式手链而备受追捧，是另一个得益于骷髅头设计而获得标志性优势的品牌，但考虑到巴西人的爱好和色彩多样，这更像是一场狂欢节，而不是来自哥特的灵感。每一件作品都是用包括乌木、檀香和黄金在内的精细材料制成的。

11　2006 年，劳伦斯·图列德（Lawrence Tureaud，又名 T 先生）主持了一个真人秀节目，即《可怜的傻瓜》，该节目先后播了六集。

12　Joy Division 乐队，《她又失控了》（she's Lost Control Again），出自专辑《未知的快乐》（Unknown）（Factory 唱片公司，1979 年出品）。

> Mikia：日本品牌，该品牌成立于 1998 年。Mikia 生产的手镯设计独特，其灵感来自旅行。五颜六色的串珠手镯和项链给职业人士衣柜里增添了一抹亮色。

我对你戴耳环和鼻环没有什么有用的建议，有的话，就是一个字：不。然而，从这些一般性禁令中，衍生出一条精彩的法则：

法则 53

职业人士可佩戴子女亲手制作的任何一件珠宝，
或支持一些值得称赞的社会公益事业，积极参与其中，
并能熟练阐述其使命。

我已经多次践行这个条款，允许自己佩戴一些五颜六色的手链，并时不时让它们成为我生活中充满幻想、丰富多彩和富有意义的一部分，因为这些首饰是儿子在夏令营或度假时亲手制作的。

关于材质，你可能已经注意到了，具有讽刺意义的是，我没有在首饰这一节中提到任何实际的珠宝。宝石是用来炫富的，对一个男人来说，它是对优雅体面厚颜无耻的羞辱，看上去就像你想告诉大家你多么有钱，毫无雅趣可言。在符合客户倒置资格的前提下，请不要佩戴金银珠宝。就像身上的皮革制品（如鞋和腰带要匹配），金属首饰也应该匹配（除结婚戒指以外）。所以，如果你手上戴了一只银色潜水腕表，切忌戴铜手镯或项链。事实上，如果能搭配得好，最好系一条带银色带扣的皮带。

牢记那句罗马法格言："不知法律不免责。"

15

感觉良好意味着
看起来很好且打破法则

"美即为力量，微笑是其利剑。"

——查尔斯·里德（Charles Reade）[1]

衣着得体只能让一个人看起来不错且感觉更时尚。在最后一章，我们来探索男装时尚的最高境界——一般意义的舒适、阳光、幸福的感觉，这种感觉源于对服饰自信的展示，以及对自我形象和个人风格肯定所带来积极反馈的良性循环。从别人那里得到很好的评价，这种积极的反馈会帮助你进一步增强信心。自信满满的你外表看起来会更有魅力。费尔南多（Fernando）错了，亲爱的。[2]并不是"看起来好比感觉好更棒"。只有当你感觉非常好的时候，你才会看起来很精神，而且只有当你看起来精神的时候，你的自我感觉才会更好。

1　里德是 19 世纪的英国小说家和戏剧家。

2　参见比利克里斯托（Billy Crystal）的 *SNL* 短剧《费尔南多的藏身之处》（*Fernando's Hideaway*）（1984年 11 月 3 日首次亮相——上帝，我已经老了），他模仿费尔南多·拉马斯（Fernando Lamas），采访各种名人。

舒适最重要

如果穿着不舒服的衣服，没人可以真正时尚起来。正如我们上面讨论过的那样，你穿商务装应该稍微比穿合身的睡衣感到略微拘束和不自在。[3]

法则 54

如果要取得成功，职业人士应该对自己的着装感到舒适和自信。

坦率地说，先生们，这是至关重要的。当你感到不舒服的时候，你很难展示出自信满满的状态。如果一个人穿着不舒服，他的习惯和行为举止都会表现出来，他的自信心就会受到影响。他不但看起来不时尚，而且看起来很虚弱，变得易怒，少言寡语，近乎奇怪。这非常不优雅，也不能展现你的才干，不是时尚。

因此，如上所述，合身是选择服装时最重要的关注点和标准。我想起了自己刚工作时令人尴尬的一幕。这件事发生在洛杉矶市中心附近的一个停车场，确切地说是商业城（可能这名字起得不是那么合适）。

现在派纽约一家顶级律师事务所的初级公司助理去一家有敌意的公司执行并购交易任务不常见。但当时我就被派去了。我们的客户是标的公司的重要股东，该公司本身是一家上市公司，公司总部位于商业城[4]，在那里开展重要的业务。为了向所有其他股东传递信息，促成我们的客户公司主动提出的交易和其宣称的高大上的转型升级（其中包括取消董事会的几名成员的职务，以及对现状的其他改变），我被派到标的公司总部并索要股东名单。

3　就像你从 20 世纪 50 年代的电影中看到的卧室场景那样。想想早上刚起床的沃德·克里弗（Ward Cleaver）。

4　可以肯定的是，这是个具有讽刺意味的名字，商业城里并没有多少商业交易。

我对此案的法律规定了然于胸。[5] 我完全了解。我们有权获得股东名单，但细节方面关于何时以及如何提供尚不明确。 换句话说，标的公司的管理人员可能会向我提供名单，但这份名单很有可能用不了。因此，我有备而来。我和另一位助理以及几位后勤员一起去的，不管你信不信，我还带了一个大型的（当然是以今天的标准界定，这是 20 世纪 90 年代晚期）复印机，以便在公司不给我们复印或者不提供复印机的时候，我们可以自己复印股东名单。那天接近 38 摄氏度，明媚炙热的阳光照耀在洛杉矶市中心。

我那时年轻气盛，相当自信，义愤填膺，对帮助客户打赢官司准备充分，积极乐观。我也穿着不合身的 Hugo Boss 粘合衬套装，袖孔剪得特别高。 让这种不明智的外在形象完败的是一条特别招眼的 Etro 领带和一副 Vaurnet 太阳镜。

品牌须知

————

Hugo Boss: 这个是在这里作为警告。 这个德国品牌成立于 1924 年，第二次世界大战前和第二次世界大战期间专为纳粹党做制服。 在战争结束和创始人于 1948 年去世后，品牌将重心从制服转向男士西服。 大多数 Hugo Boss 套装是粘合衬的，而且价格过高。 职业人士应该避免穿这个品牌的服装。

Etro: 成立于 1968 年，是一家纺织品设计公司，现在仍然是意大利家族企业。 该企业现在除了生产配饰品外还生产男装系列。 这个家族企业以其非传统的"旋涡"佩斯利图案设计而闻名。 对于许多职业人士而言，过于特别的 Etro 一直保持着自己独特的视角，但他们的产品却是意大利工艺的典范。

---

5 特拉华州总公司法第 220（b）条规定："任何股东，亲自或由律师或其他代理人，根据其宣誓的目的持书面申请，有权在正常营业时间内进行正当目的的检查，并从……公司股票分类账户、股东名单列表，以及其他账簿和记录中复制副本和摘要……"

一切都或多或少地按照计划进行，在停车场等了 30 分钟并且和从保安到 CFO 的每个人都简短地寒暄了一下之后，我被带进了标的公司的等候室，等候对方提供股东名单。但是我的体温，加上出于职责需要必须穿着的、剪裁制作并不舒服的夹克，正在破坏我个人形象的整体美感。我可以感觉到自己大汗淋漓，但我不知道自己出了很多汗，已经在西服腋下有明显的污渍。我感到不舒服，而且随着该公司首席财务官、财务人员以及媒体团队的一再拖延，我怒火中烧了。

我最终获得了股东名单，但我并没有着装得体地和同事带着荣誉满载而归。我当时的惨样给了穿着也不怎么样但是油腔滑调的首席财务官临别时攻击我的机会："汉德先生，我们非常高兴在不借助你的复印机的情况下满足你的要求。请尽力让这些文件保持干燥啊。"

当然，这是一个相当极端的例子。但我要强调的是，穿着不舒服，就会缺乏自信心。如果缺乏自信心，外表肯定会受到影响。此外，正如我们所见，你的服装，即使是最正式的服装，也可以做得让你感到舒适。它们可以非常舒适合身，因此让你信心满满。

自信！

在乎你的外表并不是妄自尊大或自恋。这不是一种乏味的消遣。外表得体是最基本的自尊，而且你穿得如何为你提供一定程度的创造力和自我表达力。你的个人风格是你选择如何将自己呈现于这个世界的方式。如果做得好并且遵循着装法则，这是一个增强信心的好机会。看起来更好、更时尚，有助于让人们在生活中感觉更舒适。自信心是可以传染的，且具有魅力。

我们与生俱来知道这一道理，但很少有人能够将其付诸实践。一般来说，有太多事情让我们怀疑人生、怀疑自我。作为职业人士，我们在工作中也有很多事情要去质疑。没有坚持不懈地深入分析，我们本能地倾向于不相信已经得到的正确答案——最好的答案。但在穿着方面，这可能是愚蠢的。当然，你应该注意你的（时尚）男装的选择和购买；做足功课研究透在售的各种服饰。但是一旦完成所有工作，你应该相信你所购买的东西，以及会在特殊日子从衣橱选出来穿在身上的衣服。然后就去工作，陶醉于无忧无虑之中。

> "就像有三个男人走在你身后那样走路。"
>
> —— *奥斯卡·德拉伦塔（Oscar de la Renta）*[6]

你已经走到这一步了（这是最后一章，我的朋友）。你了解了时尚着装法则，认识到它们内在的智慧，付诸实践，你会看起来很棒。正如我们已经讨论的这么多，法则是减轻着装选择的痛苦。我不会引导你进入引起自我尴尬或职业自杀的境地。我希望并期待到现在你可以非常清楚地看到这一点。我引导你进入安全的境地，时尚男装的幸福之地。你应该在遵守时尚法则时有安全感，确信自己看起来会是最棒的，会在特定场合穿着得体，而且会成为一个时尚的男人。

积极反馈循环

亲爱的朋友，男装设计师路易斯·费尔南德斯（Luis Fernandez）曾告诉我，

6　2014 年去世的多米尼加裔美国时装设计师奥斯卡于 20 世纪 60 年代因为穿着 Jacqueline Kennedy 而闻名于世，他的同名时装店一直延续至今。

时尚是"促进身心健康的要素"。我从来没有忘记这一点。当你感到自信时，你走路挺拔、头高高昂起、身姿挺直、下巴扬起、你的感官至关重要 ——你看起来棒极了。你的自信心从而进一步增强了。结果，你看起来更好，进一步增强你的信心。你对自己看起来非常棒的笃定就是一种自我实现。

多么简单！多么容易！对于广告中看起来像是穿着"得体"的人来说，这多么美好和美妙。但我们很聪明，受过教育，是职业人士。我们不能欺骗自己在这个关于信心／帅气的反馈中往复循环。人们不能伪造它。它必须是真实的，真实性是神秘的。它并非没有来由。帅气并不是天上掉下的馅饼。它必须是真实的。

所以实话实说！天哪，我的孩子，所有有价值的东西都是经过努力得来的。我们从研究生院了解这一点。去吧！遵守"职场男士着装法则"。在身体、预算和环境允许的情况下，尽情展示你最时尚的一面。正如无与伦比的设计师黛安·冯·芙丝汀宝（Diane von Furstenberg）所说："你生命中最重要的关系就是与自己的关系。然后接下来，我想说一旦拥有就可能需要费心经营，但你实际上可以设计自己的生活。"

一个男人的着装代表了他作为一个人是谁的微妙的风格展示。一个人的风格蕴藏于他的外表，以及他如何在这个世界舞台上展示自己。因此，服装是用于交流、展示自己身份的解码器。对于那些过度限制自己着装选择的职业人士来说，观察者的符号学变得更加容易和无趣。换句话说，平庸的风格向世界传达了一个乏味的自我，但是现在你有一张地图、一本指南、"职场男士着装法则"。

我保证遵守"职场男士着装法则"是一项值得的投资，因为这是对自己的投资。是的，这是时间上的投资，你需要花时间去理解吸收法则，学习研究一小部分你喜欢的设计师、你信任的裁缝、你选择要穿的衣服，以及你打算穿的配饰。当你支付裁缝和替你打理服装的专业人员保养这些服饰的时候，那是一笔非常值得的投资。但请听我说，哥们儿、我最好的朋友——这是对"你自己"

的投资。不要亏待自己，朋友。要在"你自己"身上花三倍的时间和金钱。它会在事业以及自我认知方面不断给你带来好处。

创造力：打破法则

到现在为止，我希望你已经意识到，在选服装的时候你还有很大发挥创造力的余地。你还要考虑衣服的现实功能性，是否适合完成手头的现有任务，是否适合当天的天气和环境。还有关于颜色、图案、面料、配饰的选择要在当天展现你的优雅风度、精明能干并增添你的个性元素。这实际上是一种本能。但它也是在一遍又一遍地解答一个美好而发人深省的方程式。每天都有新意。难道那不重要吗？从某种程度上说，它在很多方面都体现着生活的本质。丰富多彩为生活增添乐趣。[7]

若非纯粹的欲望，我希望和期待自信心最终会让你有能力藐视这里提出的一些法则。[8] 诚然，这最好是在你职业发展后期，当你的职业有一定发展，你在公司更有权威、在行业中更有地位时。正如我们所讨论的那样，随着资历的增长，你在运用法则方面有更多回旋的余地。但是对于职业人士来说，偶尔打破法则是真正自信的表现。这是时尚的职业人士展现自信的方式。再次强调，信心最重要。如果神气十足和荒谬之间是一条狭窄的紧绳，那么信心就是你的平衡杆。在这条狭窄的紧绳上行走得越有信心，你着装失败的可能性就越小。

以我的房地产合作伙伴卡斯帕（Casper）为例。他是一位经验丰富且得到业界高度认可的职业人士；一位时尚品牌零售租赁谈判领域的专家。这是一个特别专的领域，他是我所知道的该领域最好的职业人士之一。我确信和我一样了解卡斯帕的人一定非常同意我的观点。就好像时常发生的，在他还没穿好衣服，

---

7 威廉·考珀（William Cowper）说的，他是一位热衷于反映日常生活和英国乡村场景的英国诗人。
8 哦，俄狄浦斯（Oedipus）！他不知不觉地（？）杀死了父亲拉伊俄斯（Laius），并娶了母亲约卡斯塔（Jocasta）。俄狄浦斯神话，大约在公元前 429 年被索福克勒斯（Sophocles）写进剧本。

只是选好裤子的时候，就同样表示同意。他的服务费很高，但是非常值。他穿得也非常好，有个好裁缝，知道合身、图案、质地而且特别重要的是了解时尚着装法则。

他的社会地位稳固且形成了自己的风格，他再一次运用自由搭配，特别是在裤子的选择方面：明亮的黄色、红色细条纹、格子花呢、马德拉斯。这身打扮不是去度假，而是去公司或者售楼现场。与这些亮色裤子搭配的 odd 外套的颜色和套装中的其他元素一样总是很柔和。因此，他在认识到为这些奇特的裤子进行色彩平衡的重要性而展现修养的同时，也表现出自己独特的个性特征。他穿得五颜六色，而且有足够的信心不在乎别人说他穿着搭配一塌糊涂。

再次强调，先生们，我们不鼓励这种着装方式，这里只是提供一种可能性。卡斯帕这种着装方式可以教会我们拥有了自信之后，你可以做些什么，毫无疑问，卡斯帕做自己真的感觉棒极了。谁不是呢？

听着，男装正在向前发展演进，像许多文化事物一样，其发展速度一直非常缓慢。作为职业人士，我们并不是在这个变化的前沿。我不是建议你成为一个男装世界里的孔雀。毕竟，虽然有王室的气度，客观上很美丽，但是孔雀几乎无法飞翔。但是我们处于发展演进的外围，从而在混乱中沉溺于少许进步。构造转变可能已经过时。正如 GQ 杂志时尚编辑威尔·韦尔奇（Will Welch）所说的那样："事实上，我们处在这样一个真正具有影响力的社区中，我们需要将燃烧瓶扔到这个旷日持久、关于男装的激烈讨论中，这真是太有必要了。当看到一个打扮很潮的人时，你会情不自禁地对他略带嘲笑。但我们都需要那个人来推动文化的进步。"[9]

现在你不用成为那个人。你甚至可能不会成为那个人的饮酒伙伴。但你可

9　劳伦·谢尔曼（Lauren Sherman），《男人们需要 GQ 风格吗？》，《时尚商业评论》，2016 年 5 月 10 日。

以成为时尚先锋的一个小而强大的部分。毕竟，我们是职业人士。在许多领域，我们牵线搭桥，协助控制着全球事务、资本市场和地缘政治事件。我不想在后期像奥威尔笔下的专制独裁者那样，对你们指手画脚，但我想说的是，我们很有影响力，我们的风格会受到关注。

正如我说过的，在乎如何通过着装展示自己最好的一面源于非常自然的自尊心。此外，将个人哲学和美学应用于自己的着装可以是一项非常有成就感和创造性的事业。当本书要结束而我要离开你时，你现在应该意识到有一种安全时尚的穿着方式、一种可以把你内心的优雅向外展现出来的穿着方式。"在你耀眼夺目的鼎盛时期，你会把我落在后面。"[10] 我的兄弟们，我希望本书能让你满意，助力你事业发达，招财进宝。这是一个高尚的、不断发展的、值得用一生去追求的事业。好好享受吧！

The Laws of Style: Sartorial Excellence for the Professional Gentleman

----
10　史密斯乐团（The Smiths），《这些事情需要时间》（*These things take time*），出自专辑《史密斯乐团》（Rough Trade 唱片公司，1980 年出品）。

图书在版编目（CIP）数据

风格法则：写给职场男士的终极着装指南/（美）
道格拉斯·汉德（Douglas Hand）著；（美）罗德里格·
索尔德雅纳（Rodrigo Saldaña）绘；滕继萌，杨锐译.
— 重庆：重庆大学出版社，2020.12
书名原文：The Laws of Style: Sartorial
Excellence for the Professional Gentleman
ISBN 978-7-5689-2193-0

Ⅰ.①风⋯　Ⅱ.①道⋯②罗⋯③滕⋯④杨⋯　Ⅲ.
①男性—服饰美学—指南　Ⅳ.①TS976.4-62

中国版本图书馆CIP数据核字(2020)第099322号

风格法则：写给职场男士的终极着装指南

FENGGE FAZE: XIEGEI ZHICHANG NANSHI DE ZHONGJI ZHUOZHUANG ZHINAN

〔美〕道格拉斯·汉德（Douglas Hand）　著
〔美〕罗德里格·索尔德雅纳 (Rodrigo Saldaña)　绘

滕继萌　杨　锐　译

策划编辑　张　维　　　书籍设计　崔晓晋
责任编辑　李桂英　　　责任印制　张　策
责任校对　刘志刚

重庆大学出版社出版发行
出版人：饶帮华
社址:（401331）重庆市沙坪坝区大学城西路21号
网址：http://www.cqup.com.cn
印刷:北京盛通印刷股份有限公司

开本：700mm×1000mm　1/16　印张：17.75　字数：270千
2020年12月第1版　　2020年12月第1次印刷
ISBN 978-7-5689-2193-0　定价：88.00元